Die Anthropozän-Küche

Matooke, Bienenstich und eine Prise Phosphor – in zehn Speisen um die Welt

Reinhold Leinfelder • Alexandra Hamann • Jens Kirstein • Marc Schleunitz (Hrsg.)

Die Anthropozän-Küche

Matooke, Bienenstich und eine Prise Phosphor – in zehn Speisen um die Welt

José Aguiar • Sarnath Banerjee • Zineb Benjelloun • Joëlle Ebongue
Martin Ernstsen • Sophie Goldstein • Samuel Jaramillo • Sylvain Mazas
Ulrich Scheel • Maki Shimizu • Ruohan Wang • Martyna Žalalytė

Springer

Herausgeber_in

Reinhold Leinfelder
Freie Universität Berlin
Institut für Geologische Wissenschaften
Berlin, Deutschland

Alexandra Hamann
Exzellenzcluster *Bild Wissen Gestaltung*
Humboldt-Universität zu Berlin
Berlin, Deutschland

Jens Kirstein
Freie Universität Berlin
Institut für Geologische Wissenschaften
Berlin, Deutschland

Marc Schleunitz
Freie Universität Berlin
Institut für Geologische Wissenschaften
Berlin, Deutschland

Gefördert durch die DFG

gefördert durch DBU Deutsche Bundesstiftung Umwelt

www.anthropocene-kitchen.com

Die Publikation wird ermöglicht durch den Exzellenzcluster *Bild Wissen Gestaltung. Ein Interdisziplinäres Labor* der Humboldt-Universität zu Berlin und die Freie Universität Berlin, die finanzielle Unterstützung durch die Deutsche Forschungsgemeinschaft im Rahmen der Exzellenzinitiative und die Deutsche Bundesstiftung Umwelt.

ISBN 978-3-662-49871-2

Die Deutsche Nationalbibliothek verzeichnet diese Publikation in der Deutschen Nationalbibliografie; detaillierte bibliografische Daten sind im Internet über http://dnb.d-nb.de abrufbar.

Springer

Einbandabbildung: Ruohan Wang
Planung: Frank Wigger

Gedruckt auf säurefreiem und chlorfrei gebleichtem Papier

Springer ist Teil von Springer Nature
Die eingetragene Gesellschaft ist Springer-Verlag GmbH Berlin Heidelberg

Vorwort

Essen zieht sich durch alle unsere Lebensbereiche. Es lässt uns vom Säugling zum Erwachsenen werden und versorgt unser gesamtes System, vom Gehirn, über die Muskeln und alle sonstigen Organe und Körperteile mit Energie und lebenswichtigen Bausteinen. Der gemeinsame Genuss von Speisen ist oft das zentrale Element des Familienlebens bzw. unseres kompletten sozialen Austausches: keine Party ohne Häppchen, kein Geburtstag ohne einen Kuchen oder etwas Süßes, keine Feier ohne Festtagsessen, aber auch kaum ein Treffen mit einer guten Freundin oder einem guten Freund, bei dem wir nicht irgendetwas zu uns nehmen. Wir integrieren die Ernährung in unser Arbeitsleben, etwa indem wir uns zu Geschäftsessen treffen oder uns in der Kantine mit Kollegen** austauschen. Unsere Ernährung ist eng verbunden mit unserer Gesundheit und unserem Wohlbefinden, nicht umsonst heißt es ja auch: Du bist, was du isst. Viele Menschen legen großen Wert auf ihre Küchen und deren Ausstattung, andere haben nur eine Mikrowelle, aber eine Wohnung ohne Küche ist beinahe undenkbar.

Egal, in welcher Form wir unsere Nahrung zu uns nehmen, irgendwoher muss sie kommen und irgendwer muss sie produzieren. Das hat große globale Auswirkungen, meist ohne dass wir uns dessen bewusst wären. Es macht einen Unterschied, ob Sie im Supermarkt einkaufen gehen oder im Kiezladen um die Ecke, ob die Waren in der Region hergestellt wurden oder von einem Weltkonzern. Die Produktion und Weiterverarbeitung benötigen viel Fläche, immense Technik, Infrastrukturen und vor allem Energie. Auch unsere Nahrungsmittel brauchen Nährstoffe, um überhaupt entstehen zu können. So fressen Kühe Gras oder auch zunehmend Soja, dies beansprucht Bodenfläche, Wasser und wiederum Nährstoffe, die wir teils durch technische Prozesse wie das Haber-Bosch-Verfahren einfach aus der Luft gewinnen, um Stickstoffdünger zu generieren, oder für die wir mineralische Ressourcen abbauen, wie Phosphat und Kalium, und zur Ertragssteigerung auf den Feldern ausbringen.

Essen ist und bleibt ein lokaler, sehr persönlicher und oftmals auch emotionaler Akt. Gleichzeitig bekommen wir dabei die Globalisierung quasi direkt auf den Teller; verzehren Obst, Schokolade, Gewürze, Fleisch, Fisch, Getreide oder Gemüse, die teilweise rund um den Globus unterwegs waren. In der Küche haben wir also nicht nur den Kochlöffel, sondern auch den Schalthebel der Globalisierung in der Hand. Wir bestimmen mit unserem Ernährungstyp (vegan, vegetarisch, etc.), unserem Er-

** In dieser Publikation wird nicht durchgehend in geschlechtsspezifischen Personenbezeichnungen differenziert. Die männliche Form schließt alle anderen Formen gleichberechtigt ein.

nährungsstil (saisonal, lokal, global), unserer sozialen Wohnstruktur (ein Single kauft anders ein als eine Familie oder eine WG) und nicht zuletzt unserer Kücheneinrichtung (auch Töpfe und Teller wollen hergestellt und transportiert werden, und Gas ist eine andere Energiequelle als Strom oder Holzkohle), wie das Essen die Welt gestaltet und verändert. Die Lebensmittelindustrie ist ein bedeutender Wirtschaftsfaktor. Zugang zu gesunder Ernährung für eine rasant wachsende Weltbevölkerung gehört weiterhin zu den großen globalen Herausforderungen und ist eng verknüpft mit Themen wie Gesundheit, Armut, Gerechtigkeit und Frieden, aber auch Klimawandel, Schutz der biologischen Vielfalt und Endlichkeit der Ressourcen.

Mit diesen Themen befinden wir uns mitten im Anthropozän, dem Zeitalter des Menschen. Um zu verstehen, was damit gemeint ist, müssen wir kurz einen Blick zurück werfen: Unsere Menschenart, den *Homo sapiens*, gibt es seit etwa 200.000 Jahren. Die meiste Zeit waren wir Jäger und Sammler, bis wir uns vor mehr als 10.000 Jahren zunehmend niederließen und begannen, das Land zu bestellen. Seitdem greifen wir kräftig in die Natur ein. Frühe Bauern schufen Acker- und Weideflächen, indem sie Wälder abholzten, damit einen natürlichen Kohlenstoffspeicher plünderten und so das Treibhausgas CO_2 freisetzten. Sie fluteten Felder zum Reisanbau und produzierten im modderigen Schlamm ein weiteres Treibhausgas, das Methan. Durch gezielte Zuchtverfahren und Eliminierung aller Feinde schränkte der Mensch die natürliche Tier- und Pflanzenwelt ein, zusätzlich verfrachtete er seit den Entdeckungsreisen der frühen Neuzeit ihm nützlich erscheinende Arten, welche lokale Ökosysteme zu einem großen Teil umgestalteten.

Mit dem Beginn der Industrialisierung nahm auch die Emanzipation des Menschen von seiner eigenen Muskelkraft immer weiter zu: Unsere Vorfahren konnten sich nur mit ihren eigenen Muskeln fortbewegen. Auch Tiere müssen mit ihren Kiefer-, Zungen- oder Lippenmuskeln Pflanzen abreißen und zerkauen oder Beute fangen und diese zerkleinern. Sie graben, bauen Nester oder fällen sogar ganze Bäume. Die dafür notwendige Kraft müssen sie sich förmlich „anfressen". Ganz anders der moderne Mensch: Er ließ sich zuerst durch Ochs, Esel und Pferd, dann durch Wasser- und Windräder und noch später durch Dampfmaschinen und andere Motoren die eigene Muskelarbeit abnehmen. Diese neuen Maschinen mussten aber wiederum selbst mit Energie gefüttert werden, zuerst mit Holz, dann mit Kohle, Erdgas und Erdöl. In der Industrialisierung begann eine wahre Kettenreaktion von sich gegenseitig verstärkenden Entwicklungen: Durch die Förderung von fossilen Brennstoffen konnten mehr Bodenschätze abgebaut werden, mit denen man mehr Maschinen bauen konnte, die wiederum mehr Energie benötigten. Produktionsmaschinen und

Transportmittel wie Eisenbahn, Autos, Schiffe und Flugzeuge eroberten die Welt. Nun müssen wir nicht mehr essen, um uns fortzubewegen oder Dinge zu produzieren. Dank der fossilen Energien, die wiederum nichts anderes sind als die konservierte Energie von Lebewesen, wie Bäumen, Sträuchern oder Meeresplankton, die nicht von anderen gefressen, sondern über teilweise Hunderte von Millionen Jahren akkumulierten und durch geologische Prozesse zu Kohle, Öl und Gas umgewandelt wurden, können wir still am Schreibtisch sitzen und Tasten drücken. Selbst Bodenschätze wie der größte Teil der Eisenerzlagerstätten oder die für unsere Ernährung so notwendigen Phosphate gehen auf Organismenprozesse zurück.

Der Mensch hat einen derartigen Einfluss auf das gesamte Erdsystem gewonnen, dass die Geologen in ihm eine wesentliche geologische Kraft sehen, vergleichbar mit Erdbeben, Vulkanausbrüchen und Kontinentalbewegungen. Starke Worte, aber die Fakten sprechen für sich: Nur noch knapp ein Viertel der (nicht vom Eis bedeckten) Erdoberfläche entspricht noch einer unveränderten Natur. Wir tragen Berge ab, schneiden Täler, geben den Flüssen einen neuen Lauf, erschaffen Seen oder lassen andere austrocknen; wir können sogar den Meeresspiegel heben und das Klima verändern. Jedes Jahr produzieren wir so viel Plastik, wie es der Gesamtmasse aller heute lebenden Menschen entspricht. Unsere Nutztiere und Nutzpflanzen dominieren die Biosphäre. Wir verfrachten Sediment in einem Umfang, wie es die Natur durch Abtragung und Transportprozesse nie könnte. Wir haben sogar neue Fossilien geschaffen! Die Geologen nennen sie Technofossilien: Plastikteilchen finden sich heute im Boden von Hochgebirgsseen genauso wie in Tiefseesedimenten, elementares Aluminium, Betonfragmente oder Ascheteilchen aus industriellen Verbrennungsprozessen sind als Ablagerungen weltweit nachweisbar. Radioaktive Niederschläge aus den Atombombenversuchen der Nachkriegszeit, aber auch von Tschernobyl und Fukushima sind ebenfalls charakteristisch für das menschengemachte Neue, so hieße das Anthropozän in der wörtlichen Übersetzung. Die Nacheiszeit der letzten 12.000 Jahre, das umweltstabile Holozän, ist also offensichtlich zu Ende und wurde vom Anthropozän abgelöst.

Wie soll dieses Anthropozän weitergehen? Ergibt sich aus der erschreckenden Erkenntnis, dass der Mensch fähig war, die Erde dermaßen umzugestalten, nicht auch gleichzeitig die Lösung? Sollten wir Menschen in einer Zeit, in der nicht nur die Umweltzerstörung, sondern auch das Wissen über die zugrundeliegenden Prozesse exponentiell gestiegen sind, nicht dazu fähig sein, wissensbasiert, wie behutsame Gärtner, das Anthropozän so zu gestalten, dass die planetaren Grenzen des Erdsystems nicht gefährdet werden, indem wir uns als Teil eines Gesamtsystems verstehen, das es zu erhalten gilt? Die Metapher des Gärtnerns stammt nicht von ungefähr aus dem Ernährungsbereich. Wer dauerhaft ernten will, hegt und pflegt seinen Garten und übernutzt ihn nicht. Wer dauerhaft auf dieser Erde leben will, beutet sie nicht aus, sondern gestaltet sie so, dass menschliches Handeln die eigenen Grundlagen nicht zerstört.

Aber wie sollten wir handeln, oder, in Bezug auf unser Buch, wie sollten wir essen, ohne die Freude daran zu verlieren, und dabei nicht nur uns, sondern auch die Erde gesund erhalten? Nach wie vor haben wir, weltweit betrachtet, eine sehr vielfältige Ernährungs- und Essenskultur. Sollten in dieser Vielfalt nicht auch Lösungsansätze stecken? Dazu müssen wir genau hinsehen und uns in der Welt umschauen. Mit diesem Buch versuchen wir eine Kartographie der Ernährungsstile in globalem Maßstab – natürlich nur exemplarisch und so offen wie möglich. Und vor allem – vom Menschen ausgehend. Wissensbasiertes Gärtnern heißt nicht nur, wissenschaftliche Erkenntnisse zu berücksichtigen. Dies ist zwar ein sehr wichtiger Schritt, aber genügt alleine nicht. Wir sollten auch Erfahrungen sammeln, egal, ob sie aus jahrhundertealten Traditionen stammen, aus neuen Ernährungsmoden resultieren, oder aus der Notwendigkeit heraus, Hungersnöte zu bekämpfen.

Also befragten wir zehn Personen aus zehn Ländern in fünf Kontinenten, was und wie sie essen, wo sie einkaufen, ob sie wissen, woher ihre Nahrung kommt und welche Rolle die Küche dabei spielt. Sie verrieten uns ihre Lieblingsrezepte, die für uns Ankerpunkt der Gespräche waren und die Sie nun gerne nachkochen können. Die Ergebnisse dieses Prozesses dienten als Ausgangspunkt unserer wissenschaftlichen Recherchen. In ständigem Austausch entstanden so nach und nach Geschichten, in denen unsere Gesprächspartner nun als Protagonisten in den einzelnen Kapiteln erlebbar sind.

Ein verbindendes Element – und in diesem Fall ist es wirklich ein Element –, das Sie in jedem Kapitel finden werden, ist der Phosphor. Phosphorverbindungen sind nicht nur essenziell für alles Leben auf der Welt, sondern als Phosphat auch einer von drei Hauptbestandteilen in allen Düngemitteln. Phosphat steigerte die weltweiten Agrarerträge um ein Vielfaches und machte die Ernährung einer schnell wachsenden Weltbevölkerung erst möglich. Seine Bedeutung als endliche und nicht erneuerbare Ressource ist vielen noch nicht bewusst. Das möchten wir gerne ändern, und so zieht sich Phosphor als roter Faden durch die Reise um die Welt und zeigt dabei seine vielseitigen Facetten.

Eine ganz andere Vielfalt wird Ihnen aber noch in diesem Buch begegnen bzw. förmlich „ins Auge springen", denn auch die bildliche Umsetzung ist von größter Diversität. Wer könnte das Lebensgefühl, die Umgebung, die Essgewohnheiten oder den Lebensalltag der Protagonisten besser darstellen als Zeichner aus den Regionen, in denen die Geschichten spielen? Zwölf Künstler ließen sich auf dieses spannende Projekt ein und stellten sich der Aufgabe, wissenschaftliche Fakten und individuelle Erfahrungen in Bildgeschichten zu übersetzen. Die vollkommen verschiedenen Stile und Perspektiven sind eine große Bereicherung und spiegeln die kulturelle Vielfalt unserer Protagonisten, aber auch – wie wir meinen – der ganzen Welt wider.

Für den Epilog brachten wir alle Künstler nach Erstellung der einzelnen Länderkapitel in einem Workshop zusammen und diskutierten mit ihnen und internationalen Experten gemeinsam die Zukunft unserer Ernährung. Für die Darstellung der Ergebnisse fanden die Künstler eine unerwartete Form: Sie ließen die Protagonisten des Buchs in die Zukunft reisen, jeweils in ein anderes Land. Von dort schicken diese Postkarten und berichten über das Leben und die Ernährung im Jahr 2050. Vielleicht haben auch Sie nach der Lektüre dieses Buches Ideen für sich gewonnen, wie Sie selbst die Zukunft mitgestalten wollen. Wir hoffen, dass wir Ihnen mit dem Buch neben den Kochrezepten auch genügend Futter zum Reflektieren und Diskutieren mit an die Hand geben.

Dieses Buch ist das Ergebnis eines weltumspannenden Experiments mit vielen Beteiligten und der Welt als Labor. Vielleicht ist daher nicht verwunderlich, dass es in einem interdisziplinären Exzellenzcluster mit Namen *Bild Wissen Gestaltung - Ein Interdisziplinäres Labor* entstanden ist, und zwar in unserem Forschungsprojekt „Die Anthropozän-Küche: Das Labor der Verknüpfung von Haus und Welt", in dem Natur- und Kulturwissenschaftler, Designer, Architekten und Künstler eng zusammenarbeiten. Die Mutter aller Labore ist natürlich die Küche, und die Ernährung im Anthropozän ist ein Großlaborversuch. Vielleicht geht ja die Liebe zu unserer Welt auch durch Ihren Magen.

Reinhold Leinfelder, Alexandra Hamann, Jens Kirstein, Marc Schleunitz

Inhalt

PHOSPHOR

Phosphor ist ein chemisches Element und bewohnt das gesamte Universum schon seit Milliarden Jahren. Jeder hat mit Phosphor zu tun, aber nur wenige kennen seine wahre Bedeutung.

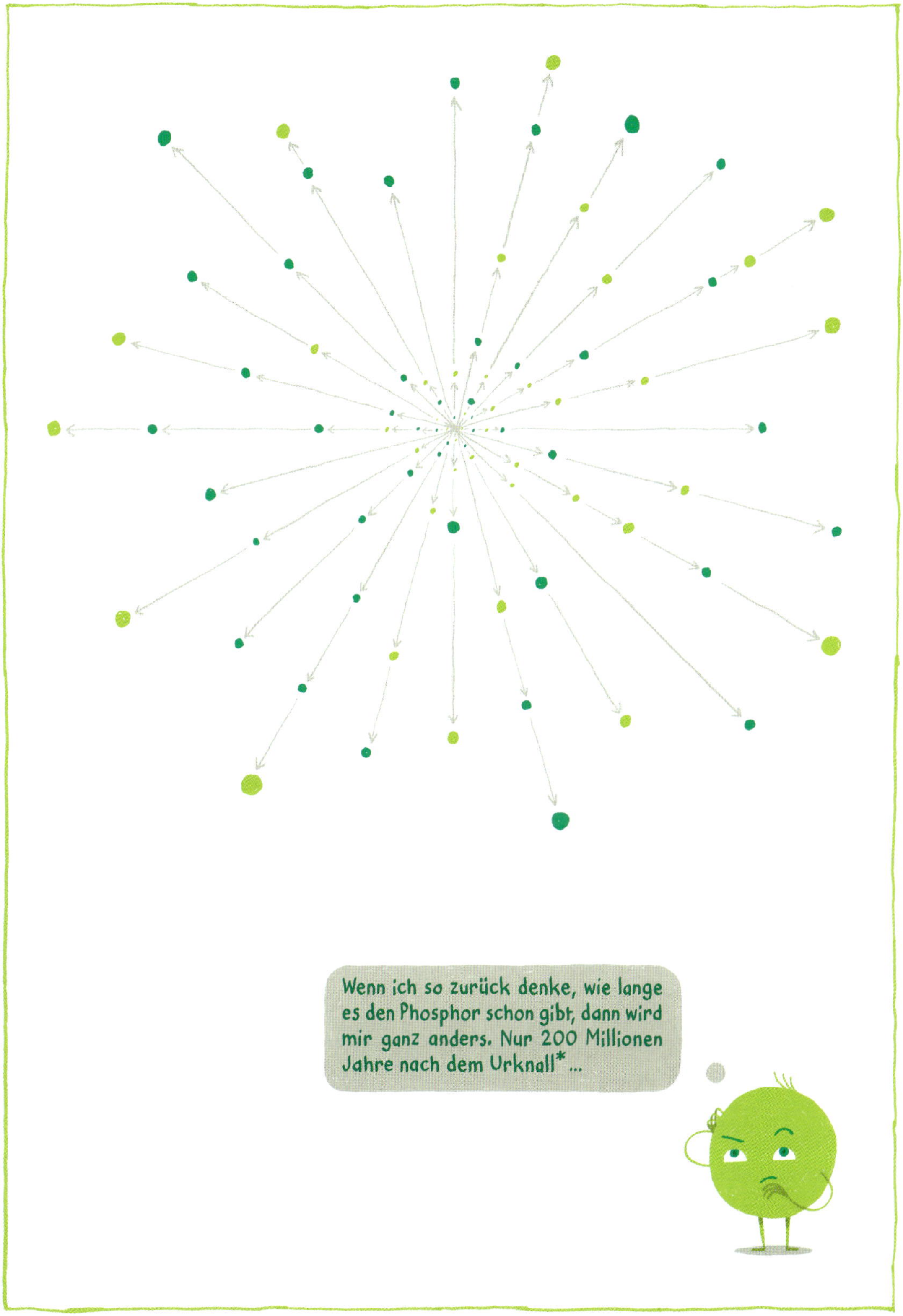

* Mit nur einem Sternchen gekennzeichnete Namen und Begriffe werden im Glossar erklärt.

... wurden wir bei Fusionen in massereichen Sternen geboren. Mit uns entstanden die Elemente bis zu Eisen. Phosphor ist Element Nummer 15.
Hier, siehst du?
Es dauerte dann nochmal ein paar hundert Millionen Jahre, bis die anderen Elemente des Periodensystems dazu kamen. Zum Glück! Denn wir sind ungern allein.
15
30,97
P
Der deutsche Alchemist* Henning Brand entdeckte 1669 auf der Suche nach dem Stein der Weisen* zufällig den lumineszierenden* Phosphor beim Auskochen von Urin. Durch das lange Aufheizen auf hohe Temperaturen wandelte sich Phosphat in elementaren Phosphor um, der so in der Natur nicht vorkommt.

1
Grundsätzlich sind vier von uns Sauerstoffen immer dabei!
2
3
4
Wir machen den PhosphOR zum PhosphAT!
Phosphat steht auf feste Bindungen, die nur noch schwer löslich sind. In der jungen Erdkruste zum Beispiel bildeten wir zusammen mit anderen das Gestein Phosphorit.
3 Phosphat + 5 Calcium + 1 Fluor (oder 1 Hydroxid oder 1 Carbonat) = Phosphorit (schwer wasserlöslich)
Während wir so seelig vereint vor uns hinträumten, geschah etwas Ungeheuerliches!
Meteoriten schlugen auf der Erde ein und brachten neue Phosphatverbindungen mit, die bei Berührung mit Wasser Phosphit freisetzen.
Phosphit hat einen Sauerstoff weniger und ist irre kontaktfreudig.

Dieses Phosphit ist mitverantwortlich dafür, dass aus einzelnen Molekülen lebende Zellen wurden. Im Schutz von Gesteinsbläschen in den Wänden von Hydrothermalquellen* taten sich ...
... Meteoritenphosphor und Zuckeralkoholverbindungen, die auch von Meteoriten stammten, mit Fettsäuren zu Phospholipiden zusammen ...
PHOSPHOLIPID
Cholin
Phosphat
polare Kopfgruppe
Glycerin
Fettsäurekette
... und bildeten Bläschen aus dünnen Membranen.
Phosphat-Kopf
Wasser
Wasser
Fettsäure-Schwänzchen
Die Membranen hielten weitere neu entstehende Molekülverbindungen zusammen und ermöglichten es ihnen, die schützenden Gesteinsbläschen zu verlassen.
Wasser
Quatsch, damals gab's ja noch gar keine Fische
Gesteinsbläschen
Zucker ist überhaupt ein sehr cooler Partner. Zusammen bauen wir der DNA ein Gerüst oder versorgen die neuen Zellen mit Energie.
DNA
Zucker
Phosphat
Nukleinbasen
ENERGIETRANSFER IN ZELLEN*
Energie aus Nahrung
ADP+P
ATP
Phosphor
ENERGIE
Wärme
Chemische Energie
Mechanische Energie

Theoretisch kann Phosphat auch einfach zu Phosphit reduziert werden, aber dazu braucht es enorm viel Energie.
Und theoretisch ist es natürlich auch möglich, dass bei elektrischen Entladungen von Blitzen in Eruptionswolken von Vulkanen dem herausgeschleuderten Phosphat ein Sauerstoff abhanden kam.
ROSE!
JACK!
Damals gab es ja auch viel mehr aktive Vulkane. Aber das ist schon soooo lange her! Ich kann mich einfach nicht mehr daran erinnern, was genau passiert ist.
So gehört die Sache mit dem Phosphit nach wie vor zu den größten ungelösten Rätseln bei der Entstehung des Lebens!!

Jedenfalls gab es ab dann kein Halten mehr und es entwickelten sich die irrsten Lebensformen.
Organismen können aber nur dann überleben, wenn sie sich ständig mit Material versorgen.
Wer daraus am effizientesten Energie gewinnen kann, hat gewonnen.
Bakterien nehmen zufällig vorbeitreibende Nahrung über die Membran auf.
Amöben sind zwar auch Einzeller, können aber ihre Nahrung schon aktiv umfließen.
Nach dem Motto „Gemeinsam sind wir stärker" taten sich Einzeller zusammen und stülpten sich ein, um voneinander zu profitieren.
Erste Korallen fächelten sich mit Tentakeln Teilchen zu und schieden Unbrauchbares wieder aus.
Weil es auf Dauer ineffizient war, nur einen Ein- und Ausgang zu nutzen, entwickelten sich zwei Schlauchsysteme.
Urmünder
Urmund → Mund
After
Neumünder
Urmund → After
Mund
Aus den Urmündern wurden so etwas wie Mollusken* und Insekten.
Aus Neumündern entwickelten sich Tiere mit Knochen und Gräten.

Und schließlich dann das!
Mund
Magen
After
Die Beschaffung von Nahrung wurde zur wichtigsten Sache der Welt. Viele Arten ernährten sich rein pflanzlich, was in tropischen Regenwäldern auch kein Problem ist.
Magen
Zucker
Darm
Zelle
ATP
H_2O
O_2
CO_2
Blutbahn
Leber
Muskulatur
Boah! Ist es kalt geworden plötzlich!
Aber was, wenn sich das Klima mal ändert?
Genau das passierte vor ca. 3 Millionen Jahren.
Wann wird's mal wieder richtig Sommer?
Weltweit wurde es kühler und die Umwelt veränderte sich. Auch im Ostafrikanischen Graben.
Es gibt keinen Wald und keine Früchte mehr, wir müssen uns etwas einfallen lassen, Lucy!
Australopithecus afarensis

Homo habilis vor rund 2,3 Millionen Jahren
Bist du dir sicher, dass man das essen kann?
Die Erweiterung des Speiseplans spülte zusätzliche Fette, Proteine und dadurch auch mehr Phosphor in das System Mensch, die zum Aufbau des Denkapparates genutzt werden konnten.
Er hat gesagt: Fett ist gut fürs Gehirn!
Nun hatten die Leute so viel Grips, um in Clanverbänden jagen zu gehen.
Pan troglodytes (400 cm³)
Homo habilis (552 cm³)
Homo erectus (1016 cm³)

Und dann geschah etwas ganz Gravierendes!
Echt?
Was?
Ja, was denn?
Was hat er gesagt?
Der Mensch lagerte Teile seiner Verdauung aus, indem er ...
Indem er was?
RUHE!
zzzzzzzzz
Homo ergaster vor rund einer Million Jahren
Wenn ich das Fleisch ins Feuer halte, dann schmeckt es viel besser und ist nicht so zäh!
Ich mag's aber trotzdem blutig.
... seine Nahrung erhitzte! Dadurch können die Nährstoffe einfacher vom Körper aufgenommen werden.
So konnte das Verdauungssystem reduziert und zusätzliche Energie in das Gehirn gesteckt werden.
großes Gehirn
kleiner Darm
MENSCH
kleines Gehirn
großer Darm
andere PRIMATEN
Das Gehirn eines Menschen benötigt rund 25 % seines gesamten Energiebedarfs.
Bei dir ist es aber maximal 4%.
Haha, sehr lustig!
Allein mit Rohkost lässt sich das nicht aufbringen.
Homo sapiens (1355 cm³)

DIE PALÄO-DIÄT
Es ist ganz einfach. Auf unserem Speiseplan stehen Obst, Gemüse, Fleisch, Fisch, Samen und Nüsse, alles, was die Natur so hergibt.
Für die Zubereitung eines Fleischgerichtes eignet sich so gut wie jedes Tier.
Zerlege es in kleine Teile und stecke diese auf einen Spieß. Halte das Fleisch in gebührendem Abstand über ein Feuer.
Immer gut drehen, damit alle Seiten gleich durch werden. Passe aber auf, dass es nicht verbrennt.
Serviere mit frischem Gemüse oder Salat.
Als Nachtisch gibt es süße Beeren oder Nüsse, was du gerade da hast.

Die Zubereitung der Nahrung wurde immer weiter verfeinert.
Vor ungefähr 11.000 Jahren stabilisierte sich das Klima und die Leute begannen, ihre Nahrung selber anzubauen und Tiere zu halten.
Die Menschen wurden sesshaft und veränderten die Umwelt nach ihren Wünschen.
Und damit waren sie extrem erfolgreich, bis zum heutigen Tag.

Schauen wir uns die Gegend um den Ostafrikanischen Graben heute an und besuchen Kelema im Distrikt Mbale in Uganda.

KOOYI

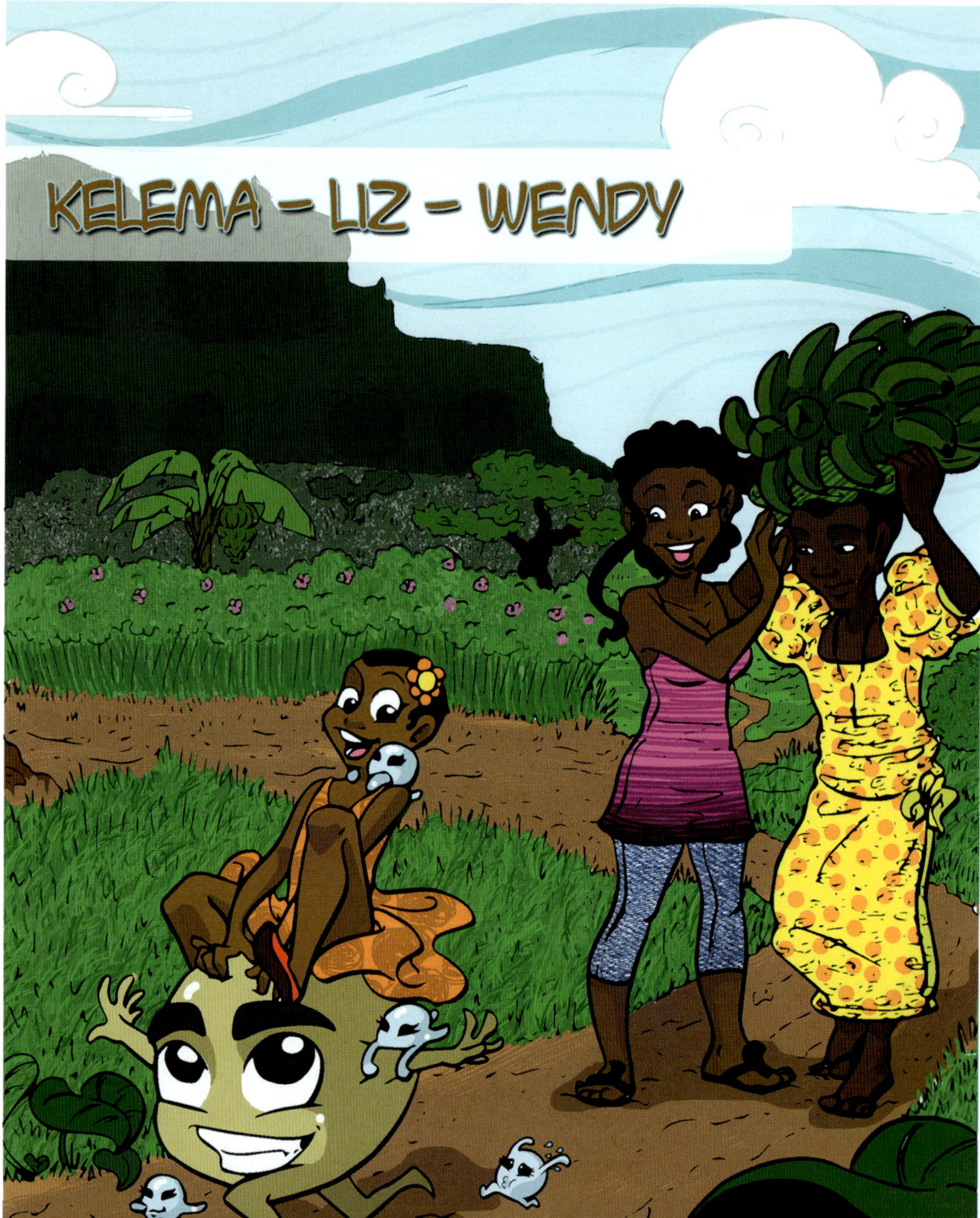

KELEMA LEBT IN DEM KLEINEN DORF KOOYI AM FUSSE DES MOUNT ELGON. TOCHTER LIZ UND ENKELIN WENDY SIND ZU BESUCH AUS KAMPALA, DER HAUPTSTADT VON UGANDA.

** Ugandische Currypflanze bekannt als Ibitsali, getrocknet und gemahlen.

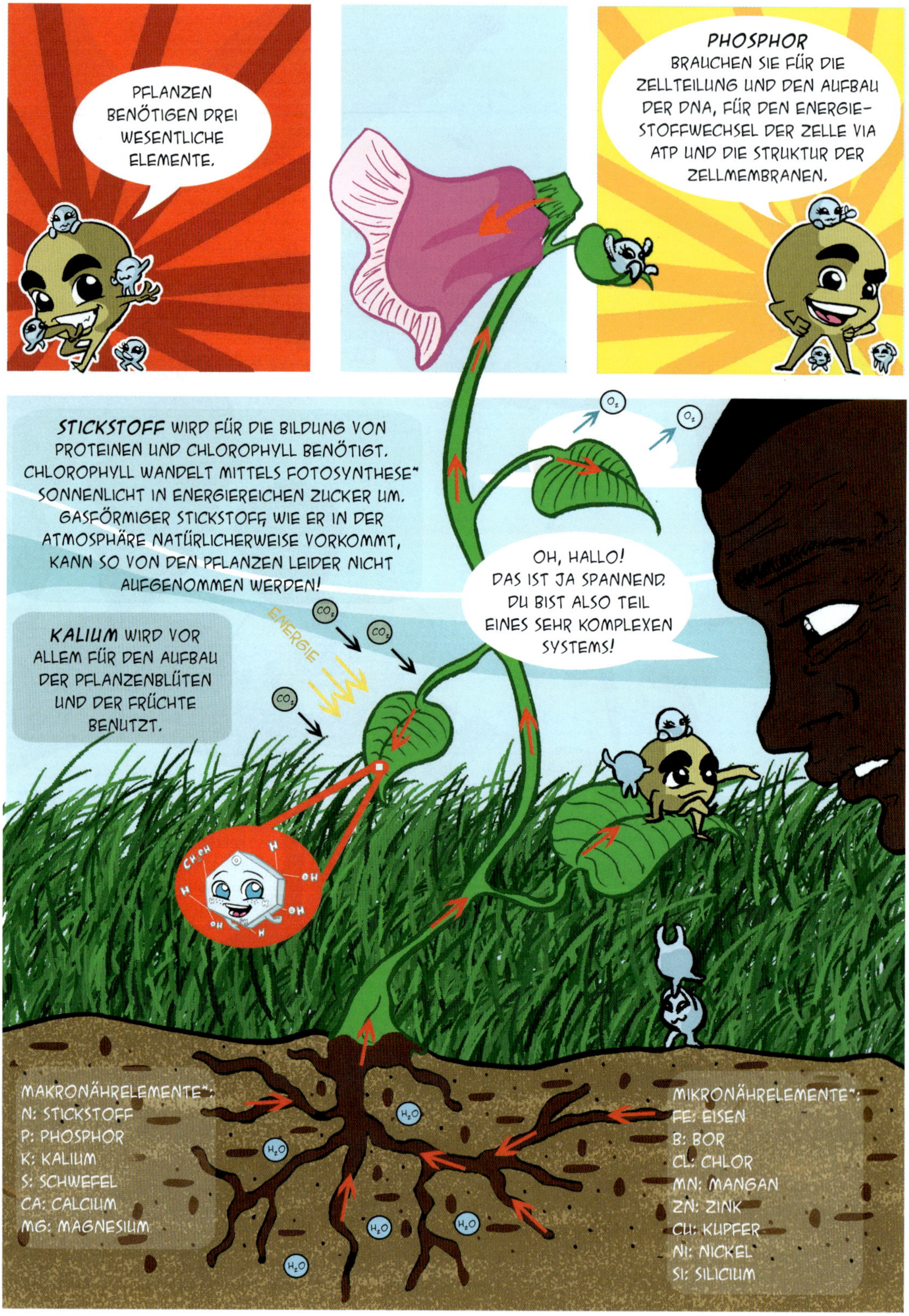
PFLANZEN BENÖTIGEN DREI WESENTLICHE ELEMENTE.
PHOSPHOR BRAUCHEN SIE FÜR DIE ZELLTEILUNG UND DEN AUFBAU DER DNA, FÜR DEN ENERGIESTOFFWECHSEL DER ZELLE VIA ATP UND DIE STRUKTUR DER ZELLMEMBRANEN.
STICKSTOFF WIRD FÜR DIE BILDUNG VON PROTEINEN UND CHLOROPHYLL BENÖTIGT. CHLOROPHYLL WANDELT MITTELS FOTOSYNTHESE* SONNENLICHT IN ENERGIEREICHEN ZUCKER UM. GASFÖRMIGER STICKSTOFF WIE ER IN DER ATMOSPHÄRE NATÜRLICHERWEISE VORKOMMT, KANN SO VON DEN PFLANZEN LEIDER NICHT AUFGENOMMEN WERDEN!
OH, HALLO! DAS IST JA SPANNEND. DU BIST ALSO TEIL EINES SEHR KOMPLEXEN SYSTEMS!
KALIUM WIRD VOR ALLEM FÜR DEN AUFBAU DER PFLANZENBLÜTEN UND DER FRÜCHTE BENUTZT.
ENERGIE
CO_2
O_2
H_2O
MAKRONÄHRELEMENTE*:
N: STICKSTOFF
P: PHOSPHOR
K: KALIUM
S: SCHWEFEL
CA: CALCIUM
MG: MAGNESIUM
MIKRONÄHRELEMENTE*:
FE: EISEN
B: BOR
CL: CHLOR
MN: MANGAN
ZN: ZINK
CU: KUPFER
NI: NICKEL
SI: SILICIUM

ICH BAUE ABER NICHT NUR PFLANZEN AN, SONDERN HALTE AUCH TIERE. SO HABEN WIR IMMER FRISCHE MILCH, EIER UND FLEISCH AUS EIGENER PRODUKTION.
SCHAU MAL, ICH HABE ZWEI SCHWEINE ...
DREI ZIEGEN ...
UND MOMENTAN GERADE 19 HÜHNER UND EINEN HAHN.
NICHT SCHLECHT! WUSSTEST DU, DASS PHOSPHAT AUCH ZU DEN WICHTIGSTEN MINERALEN IN DER TIERNAHRUNG GEHÖRT? ZUSAMMEN MIT CALCIUM SORGT PHOSPHOR ZUM BEISPIEL FÜR DIE FESTIGKEIT VON KNOCHEN UND ZÄHNEN.
WOW, WAS DU ALLES WEISST!

** Royco: Markenname für eine Instant-Brühe

** Matooke: Gericht aus gedämpften grünen Kochbananen

GRANDMA, IST DAS GENUG HOLZ?
?
JA, EIN BÜNDEL REICHT FÜR'S ABENDESSEN.
DIE BANANEN ...
SEHEN GUT AUS!
GEHEN WIR.
JA!
SCHAU ...
DEINE MUTTER WARTET SCHON AUF UNS.

MOM, LASS MICH DIR HELFEN.
DANKE, LIZ.
SO GELINGT EINE PERFEKTE MATOOKE!
SCHÄLE DIE MATOOKE UND WASCHE SIE SORGFÄLTIG.
WICKLE SIE IN AUSGEWACHSENE BANANENBLÄTTER.
GIB ETWAS WASSER IN DEN KOCHTOPF UND LEGE DIE MATOOKE HINEIN. ZUDECKEN.
LASS DIE MATOOKE NUN FÜR EIN PAAR STUNDEN AUF DEM FEUER IM WASSERDAMPF GAREN.
KRÄFTIGER PUSTEN, WENDY!
ZUM SCHLUSS ZERDRÜCKST DU DIE MATOOKE IN DEN BLÄTTERN ZU EINEM MUS UND SERVIERST SIE AUF EINEM FRISCHEN BANANENBLATT. LECKER, NICHT WAHR?
MJAM MJAM

NÄHRWERTE VON MATOOKE

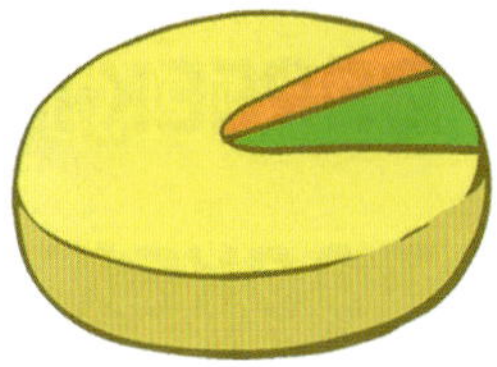

PROTEINE*: 4 %
FETTE*: 3 %
KOHLENHYDRATE*: 93 %

WENN MAN NICHT MEHR HOLZ VERBRAUCHT ALS NACHWÄCHST, IST DAS KOCHEN MIT FEUERHOLZ CO_2*-NEUTRAL!

** Nach dem Erdnusspulver kannst du noch geräucherten Fisch, Gemüse oder Fleisch zugeben.

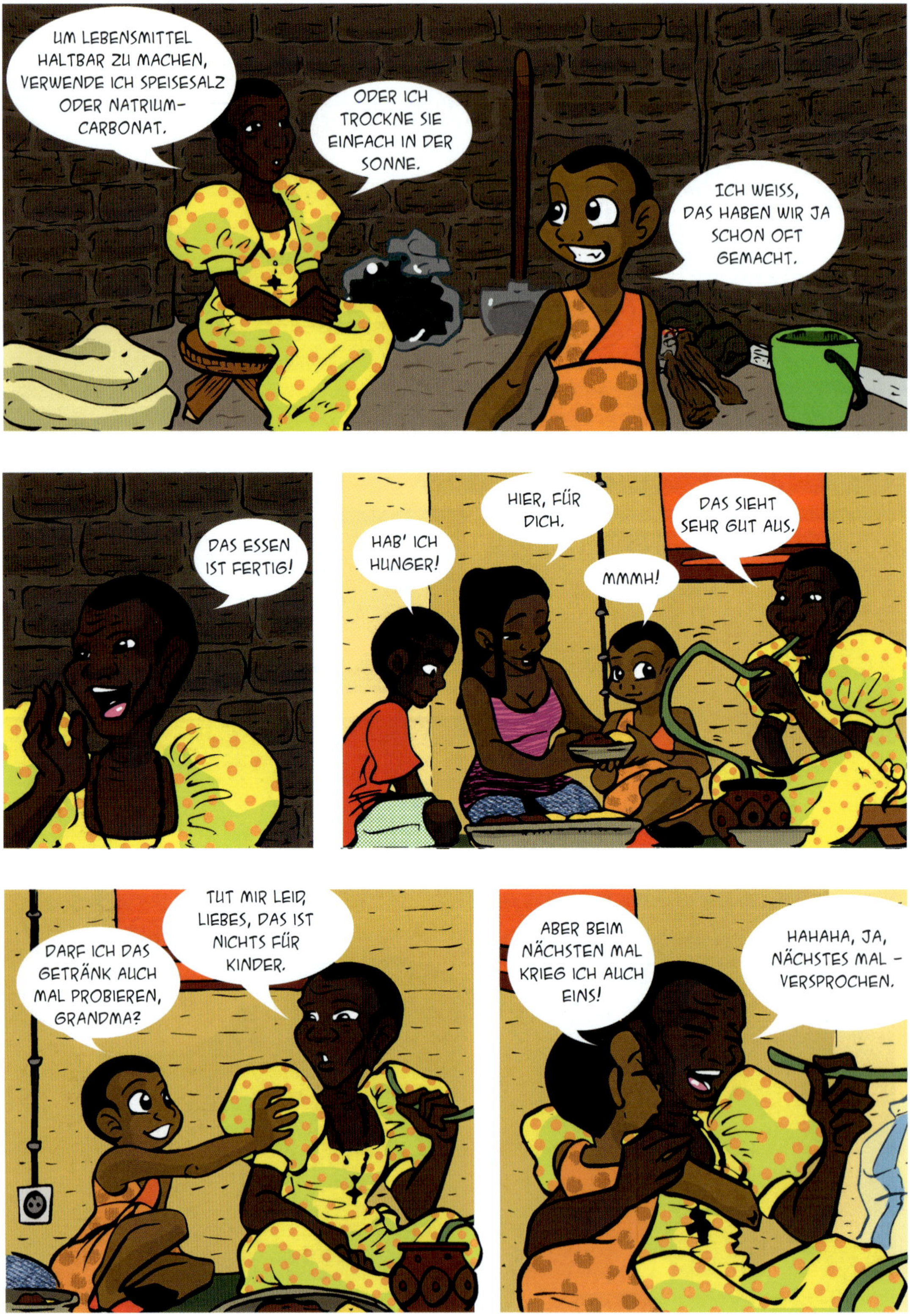
UM LEBENSMITTEL HALTBAR ZU MACHEN, VERWENDE ICH SPEISESALZ ODER NATRIUM-CARBONAT.
ODER ICH TROCKNE SIE EINFACH IN DER SONNE.
ICH WEISS, DAS HABEN WIR JA SCHON OFT GEMACHT.
DAS ESSEN IST FERTIG!
HAB' ICH HUNGER!
HIER, FÜR DICH.
MMMH!
DAS SIEHT SEHR GUT AUS.
DARF ICH DAS GETRÄNK AUCH MAL PROBIEREN, GRANDMA?
TUT MIR LEID, LIEBES, DAS IST NICHTS FÜR KINDER.
ABER BEIM NÄCHSTEN MAL KRIEG ICH AUCH EINS!
HAHAHA, JA, NÄCHSTES MAL – VERSPROCHEN.

MACH'S GUT, WENDY, PASS AUF DICH AUF UND KOMM BALD WIEDER.
TSCHÜB, GRANDMA.
IN KAMPALA
ENDLICH ANGEKOMMEN!
WENDY, DENK DRAN, DASS WIR HEUTE ABEND GÄSTE HABEN ...!
OH JE! DAS ABENDESSEN! ICH HABE JA GAR NICHTS IM HAUS!
ZUM GLÜCK IST DER SUPERMARKT UM DIE ECKE.
?
IM SUPERMARKT
MOM? DARF ICH EINE LIMO HABEN?
JA, NA KLAR.
TOLL! ICH LIEBE MARACUJA-LIMONADE SOOO SEHR!

** 96 Prozent der Menschen in Uganda nutzen Feuerholz oder Holzkohle zum Kochen.

ANLEITUNG FÜR FRISCHEN MARACUJASAFT
ALLES, WAS DU BRAUCHST, IST MARACUJA, WASSER UND ZUCKER!
?
ODER EINFACH NUR DEN MARACUJA-MIX.
Passion Juice
WENDY ...
HALBIERE DIE MARACUJA MIT EINEM SCHARFEN MESSER.
LEGE EIN SIEB ÜBER EINEN KRUG UND SCHABE DIE KERNE MIT EINEM LÖFFEL HINEIN. GIB ZUCKER DAZU UND RÜHRE SO LANGE, BIS DAS FRUCHTFLEISCH VON DEN KERNEN GELÖST IM KRUG LANDET. VERDÜNNE MIT WASSER.
ODER DU KIPPST EINFACH DAS PULVER IN EIN GLAS WASSER UND RÜHRST UM!
ÄHHHM ...
ICH VERSTEH' WIRKLICH NICHT, WIESO DU LIEBER DIESES KÜNSTLICHE PULVER TRINKST ANSTATT MEINEN FRISCHEN MARACUJASAFT!
GANZ EINFACH, WEIL ES SÜSSER IST!

CHINA
INDIEN
INDISCHER OZEAN
SHOP

UNGLAUBLICH! IN NUR DREI GENERATIONEN HAT SICH DIE ERNÄHRUNGSWEISE VOLLSTÄNDIG GEÄNDERT. REGIONALE PRODUKTE WERDEN ZUNEHMEND DURCH IMPORTIERTE WAREN VERDRÄNGT, DEREN HERSTELLUNG IMMER UNDURCHSICHTIGER WIRD.
AUSTRALIEN
Passion Fruit Juice
MBALE DISTRICT
cola

Die Entfremdung von den eigenen Lebensmitteln findet überall auf der Welt statt, auch in Marokko. Aber das Land spielt auf anderer Ebene eine besondere Rolle.

IMIDAL

KHALID
lebt im Hohen Atlas in einem Dorf in der Nähe von Imidal, Marokko.

!?!
Schade, dass nicht alle Böden so fruchtbar sind wie Kelemas in Uganda. Die meisten Bauern müssen der Natur eher etwas unter die Arme greifen. Nicht nur in trockenen Gegenden, sondern auch, um hohe Erträge zu erzielen und auf dem globalen Markt zu bestehen.
Es gibt viele verschiedene Düngemittel, aber Phosphat ist in den meisten Fällen einer der Hauptbestandteile.
So sieht der Phosphorkreislauf ohne menschlichen Eingriff aus.
Fisch fressende Vögel
Exkremente und Kadaver
Phosphatgestein
Erosion*
geologische Hebung
Auswa-schung
Exkremente und Kadaver
gelöstes Phosphat
Phosphat im Boden
Rückkehr in die Pflanzen
Sediment*
Vereinfachter Phosphorkreislauf

Aber als die Menschen sesshaft wurden ...
Schau mal einer an! Auf diesem Haufen Mist wachsen die Pflanzen viel besser.
Europa vor ca. 8000 Jahren
Wenn du das Pflanzenwachstum fördern willst, kannst du auch Kalk, Asche oder Mergel* verwenden.
19. Jahrhundert
Das Wachstum von Pflanzen wird durch die im Verhältnis knappste Ressource eingeschränkt.
Justus von Liebig, Deutschland, 1840
Mit diesem neuen Dünger, meinem Superphosphat, wird unlösliches Calciumphosphat für die Pflanzen verfügbar. Damit werden wir den Hunger besiegen!
1849
Mit unserer Technik können wir den atmosphärischen Stickstoff mit Wasserstoff zu Ammoniak umwandeln. So wird Stickstoff für die Pflanze verfügbar.
Fritz Haber und Carl Bosch, Deutschland, um 1913
Die Produktion von chemischen Düngemitteln hat sich bis heute stetig weiterentwickelt und verbessert, aber diese beiden Erfindungen bilden nach wie vor ihre Grundlagen.

Phosphor gibt es in der Natur nur in gebundener Form, meist ist er ein Bestandteil von Phosphatmineralen.
Eigentlich müsste er ja von Phosphat sprechen!
In der Erdkruste findet sich nur 0,1 Prozent Phosphor.
Ich habe gerade diesen Kristall gefunden.
Das ist Apatit. Es ist das weitverbreiteste Phosphatmineral und kommt in vielen verschiedenen Farben und Formen vor.
Aber in den Lagerstätten ist die Konzentration des Phosphors an die 100 bis 150 Mal höher.
Es gibt drei Hauptgruppen von Phosphatvorkommen:
Guano*
Magmatisch, durch große Hitze entstanden
Sedimentär

1. Kaltes, nährstoffreiches und phosphathaltiges Wasser steigt auf.
2. Phosphor stimuliert pflanzliches Planktonwachstum >>> Plankton vermehrt sich.
3. Plankton wird nicht vollständig gefressen, stirbt ab und zersetzt sich am Boden.
4. Dadurch wird der Sauerstoff verbraucht, es entsteht eine Todeszone.
5. Dort sterben besonders viele Tiere, die unvollständig zersetzt werden, Popsphat reichert sich an.
6. Sedimentschichten werden über Millionen von Jahren zusammengepresst.

Laminare Lagen, Schiefergestein, reich an organischem Material

Sauerstoffarme Schicht

Ablagerungen von Phosphat

Es gibt Studien die behaupten, dass die Phosphatreserven bis zum Jahr 2030 ausgeschöpft sein werden, andere wiederum sagen, dass sie noch 400 Jahre reichen.
Wo wir schon dabei sind ... Womit düngt ihr eigentlich?
Wir nehmen das, was bei der Aufzucht unserer Pflanzen abfällt, wie Nussschalen und Laub, und machen daraus Biokohle. Die Kohle kann man auch zur Verbesserung des Bodens verwenden. Deswegen wachsen unsere Bäume trotz der Trockenheit so gut.
Abbaugebiete
Chemische Verarbeitung
Phosphathäfen
Atlantik
Tanger
Rabat
Casablanca
Khouribga
Jorf Lasfar
Safi
Benguerir
Youssoufia
Marokko ist der größte Phosphatexporteur der Welt.
Nach dem Abbau wird das Rohphosphat zur Weiterverarbeitung in die Fabriken transportiert oder direkt am globalen Markt verkauft.
Das macht Spaß!
Laayoune
Förderband
Bou Craa
Das längste Förderband der Welt erstreckt sich ca. 100 Kilometer quer durch die Wüste von Bou Craa bis zum Hafen in Laayoune.
Abbaugebiete des größten Industrie-Unternehmens Marokkos, Office Chérifien des Phosphates (OCP)

Marokko ist aber nicht nur der größte Phosphatexporteur der Welt, sondern hat auch 50 Prozent Marktanteil an Phosphorsäure und 21 Prozent bei phosphathaltigen Düngern. OCP möchte bis 2020 die Abbaukapazitäten um das Doppelte steigern und die Produktion von Phosphatdüngern in der gleichen Zeit verdreifachen.
So macht man phosphathaltige Dünger
1. Wasche das Gestein, um es von Ton- und Sandpartikeln zu befreien (Veredelung).
2a. Gib Schwefelsäure dazu und stelle Phosphorsäure und Phosphorgips her.
2b. Unter Zugabe von Phosphorsäure produzierst du Triple-Superphosphat-Dünger (TSP).
3. Lagere den unbrauchbaren Phosphorgips ein oder stelle daraus Gipskartonplatten her.
2c. Füge Salpetersäure hinzu und stelle Nitrophosphat her.
4a. Reinige die schwache Phosphorsäure und konzentriere sie.
4aa. Zur Super-Phosphorsäure (SAP) eindampfen.
2d. Durch Zufügen von Schwefelsäure kannst du einfaches Superphosphat herstellen (SSP).
4b. Nochmaliges Eindampfen ergibt Rohphosphorsäure (MGA).
4c. Füge Ammoniak hinzu, um Diammoniumphosphat (DAP) und Monoammoniumphosphat (MAP) herzustellen, und granuliere zu Körnern.
FLÜSSIG
4d. Kombiniere mit Kalkstein oder phosphatischen Gesteinen zu Tierfutter.
FEST
5. Füge andere Düngemittel wie Salze hinzu und stelle so feste Dünger her.
4e. Reinige durch Lösungsmittelextraktion, um hochwertige Phosphorsäure herzustellen.
VOLLDÜNGER
FUTTERMITTEL UND INDUSTRIEDÜNGER

Die Produktion von Phosphatdünger ist sehr komplex und beinhaltet eine Reihe von chemischen Verfahren, die schädlich für die Umwelt sein können.
Schade, dass den Pflanzen nur wenig Phosphat aus Phosphatgesteinen direkt zur Verfügung steht.
Na, du magst ja dein Essen auch schön zubereitet.
Das ist die eine Sache. Die andere ist, dass Phosphat nicht allein in den Lagerstätten liegt, sondern auch immer eine Vielzahl von giftigen Kollegen und Seltenen Erden* dabei ist. Die muss man erst loswerden, aber dafür gibt es heute noch keine umweltverträgliche Lösung.
Cadmium
Uran
Chlor
Fluor
Thorium
Vanadium

Aber Marokko ist natürlich nicht nur wegen seiner Phosphatvorkommen bekannt, sondern ...
... hauptsächlich für seine traditionelle Tajine!!
Eine Tajine ist der beliebteste Kochtopf Marokkos ...
Das Schmorgefäß wird aus lokalem Lehm gemacht.
kegelförmiger Deckel
Grundkörper
Der Dampf kondensiert und fließt zurück zum Boden
... und auch das beliebteste Gericht!
Mmmh, das riecht gut!

Hühner-Tajine mit Zitrone

Zutaten für 3 bis 4 Personen

1 ganzes Huhn oder 1 kg Hühnerfleisch

2 Zwiebeln

3 Knoblauchzehen

je 1 Bund Koriander und Petersilie

3 oder 4 eingelegte Zitronen

1 Tasse grüne Oliven

1 TL Salz

1 TL Pfeffer

1 TL Kurkuma

1 TL Ingwerpulver

ca. ½ l Wasser

½ Tasse Olivenöl

½ Tasse Pflanzenöl

ca. 10 Fädchen Safran, eingeweicht in ½ Tasse warmem Wasser

Zur Vorbereitung des Hühnchenfleischs:
1 Tasse Wasser und 1 TL Ingwerpulver

Rühre das Ingwerpulver in eine Tasse Wasser und spüle damit das Fleisch. Alternativ: 1) Reibe das Fleisch mit etwas Salz und einer halben Zitronen ab oder 2) spüle es mit Essig.
1. Schneide die Zwiebeln und gib sie zusammen mit dem gehackten Knoblauch, Koriander, der Petersilie und den anderen Gewürzen in die Tajine.
2. Lege das Hühnchenfleisch darauf und gare das Ganze bei mittlerer Hitze.
3. Wenn die Zwiebeln anfangen glasig zu werden, füge das Safran-Gemisch und das Oliven- und Pflanzenöl hinzu.
4. Gieße das Wasser dazu und lasse alles ca. 30 Minuten abgedeckt köcheln.
5. In der Zwischenzeit die eingelegten Zitronen und die Oliven in einem separaten Gefäß ca. 5 Minuten kochen. Spülen.
6. Schneide die Zitronen nach Belieben. 10 Minuten, bevor das Fleisch gar ist, füge die Zitronen-Oliven-Masse der Tajine bei.
7. Serviere mit frischem Brot und grünem Tee.

Khalid, wie kommt es, dass du dich so gut mit Pflanzen auskennst?
Als Kind nahm mich meine Mutter mit in die Berge und wir sammelten Gewürze und heilende Kräuter.
Vor etlichen Jahren:
Khalid, lass uns Kräuter für den Markt besorgen!
Ach nein, immer ich!
Die Hirten sagen, dass es hier oben Geister gibt!
Quatsch!

** umgangssprachlich für Mama

** Berber, Amazir für *Anacyclus sp.*

** Berber für *Thapsia sp.*

** Berber, Arabisch für *Carum carvi*

Und ich gebe dieses Wissen nun weiter an eine Wissenschaftlerin aus der Stadt!
Aber ich würde dir auch gerne unser Bewässerungssystem zeigen.
Oh ja, bitte!
Dort oben ist die Quelle.
Das Wasser tropft in diese Pfütze und von dort fließt es in einem Rohr den ganzen Weg nach unten ...
... in dieses Becken!
Und von da bringen wir es Tropfen für Tropfen zu jeder einzelnen Pflanze.

Wir bauen Baumschulen auf und optimieren die Pflanzen durch gezielte Kreuzungen, damit sie sich an die harten Bedingungen hier anpassen können.
Und alles absolut biologisch!
Dadurch werden unsere Produkte hochwertig und wir bekommen auf dem Markt gutes Geld dafür. Das hilft uns, die reine Selbstversorgung zu überwinden und auch hier oben ein gutes Leben zu führen.

Das klingt wunderbar! Ich bin sehr froh, das alles sehen zu dürfen. Ich habe sehr viel gelernt und würde liebend gern nochmal mit etwas mehr Zeit wiederkommen und meine Studien über traditionelle Heilkräuter fortführen.

Jährliche Fördermenge von Phosphatgesteinen 2015 (in Mio. t)

China ist in der glücklichen Lage, seinen Bedarf an Phosphor selbst decken zu können, da das Land genügend eigene Reserven hält. Dafür werden andere Ressourcen knapp.

PEKING

Moli und Dahai

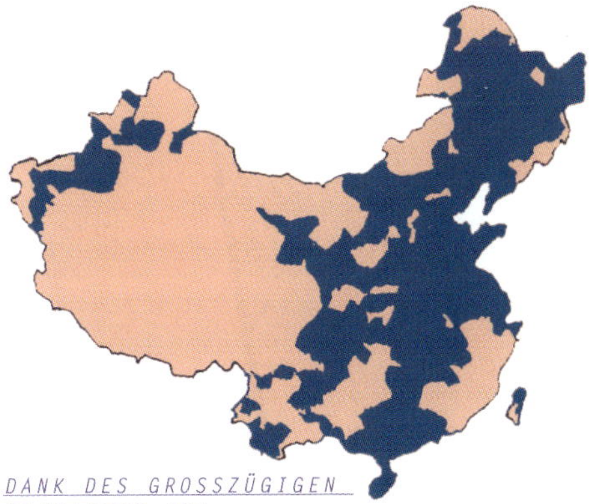

CHINA IST DER GRÖSSTE DÜNGEMITTELKONSUMENT DER WELT. DAS LAND MUSS AUF ZEHN PROZENT DER WELTWEITEN AGRARFLÄCHEN RUND 20 PROZENT DER WELTBEVÖLKERUNG ERNÄHREN.

DA HELFE ICH EIN BISSCHEN NACH.

DANK DES GROSSZÜGIGEN EINSATZES VON PHOSPHATDÜNGERN KONNTE CHINA SEINE LEBENSMITTELPRODUKTION ENORM STEIGERN.

NAJA, DAS STIMMT NICHT GANZ, DENN OHNE MEINEN HOCHERTRAGSREIS WÄRE ES NICHT GEGANGEN.

WIR KONNTEN DIE REISERNTE VON JÄHRLICH 50 MILLIONEN TONNEN IN 1960 AUF HEUTE FAST 200 MILLIONEN TONNEN ERHÖHEN – UND MEIN SUPERREIS IST NOCH VIELVERSPRECHENDER. DAS STEIGERT UNSERE NAHRUNGSSICHERHEIT.

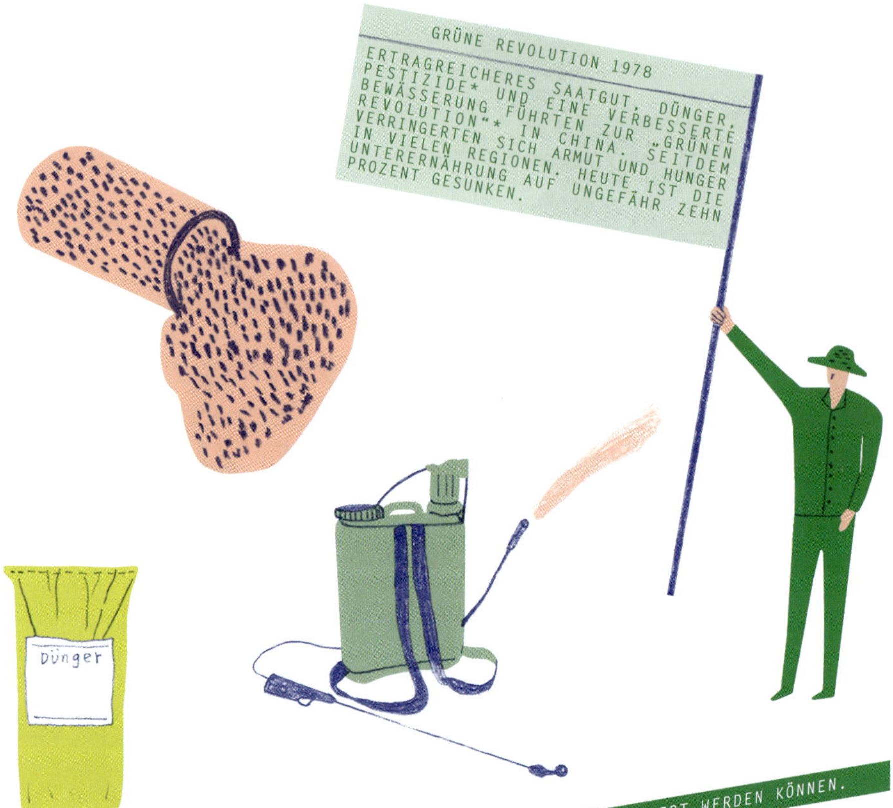

MITTLERWEILE PRODUZIERT CHINA SOGAR ÜBERSCHÜSSE, DIE EXPORTIERT WERDEN KÖNNEN.

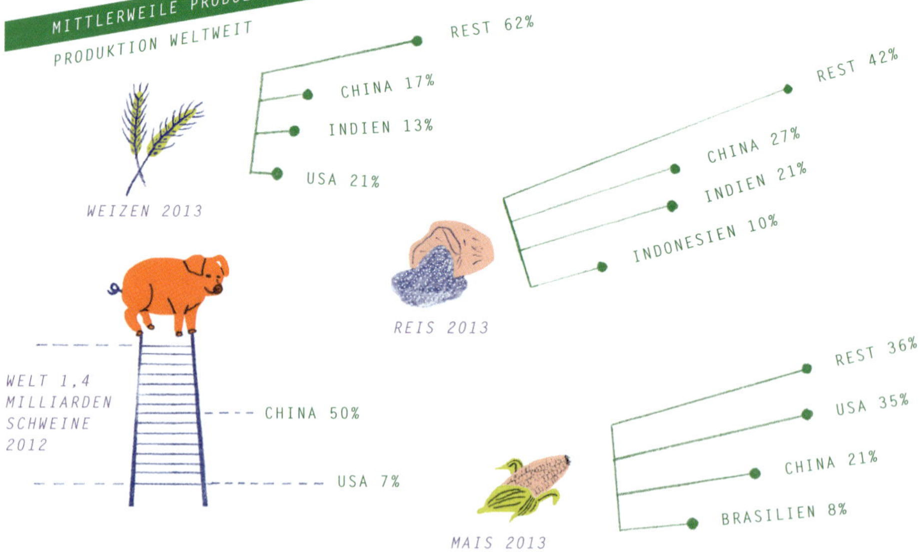

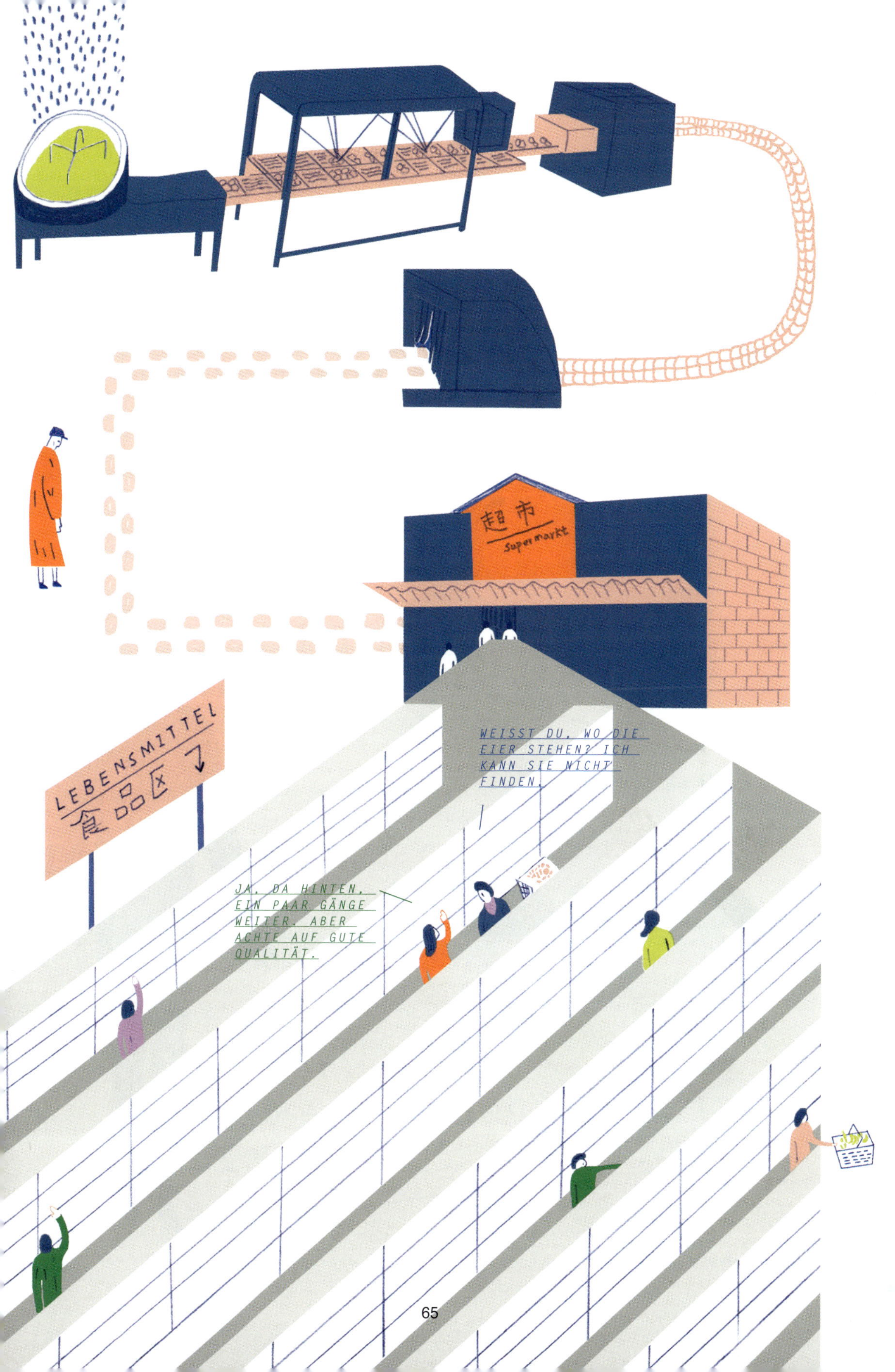
超市
Supermarkt
LEBENSMITTEL
食品区
WEISST DU, WO DIE EIER STEHEN? ICH KANN SIE NICHT FINDEN.
JA, DA HINTEN, EIN PAAR GÄNGE WEITER. ABER ACHTE AUF GUTE QUALITÄT.

DAS GRUNDPRINZIP DER CHINESISCHEN ERNÄHRUNGSLEHRE BERUHT AUF HARMONIE. DER KÖRPER SETZT NAHRUNG - ALSO MATERIE - IN ENERGIE UM, DIE ENERGIE KANN NUN DIE MATERIE - ALSO DEN KÖRPER - DURCHDRINGEN UND SIE VERÄNDERN.

DER NATÜRLICHEN WELT, AUCH ALLEN NAHRUNGSMITTELN UND DEM MENSCHLICHEN KÖRPER, WERDEN FÜNF ELEMENTE ZUGEORDNET. WIRD EIN TEIL DES KÖRPERS KRANK, KANN MAN DURCH AUFNAHME VON NAHRUNGSMITTELN DESSELBEN ELEMENTS DAS UNGLEICHGEWICHT AUSGLEICHEN.

TOMATE MIT EI - DAZU NUDELN

ZUTATEN FÜR 2 PERSONEN

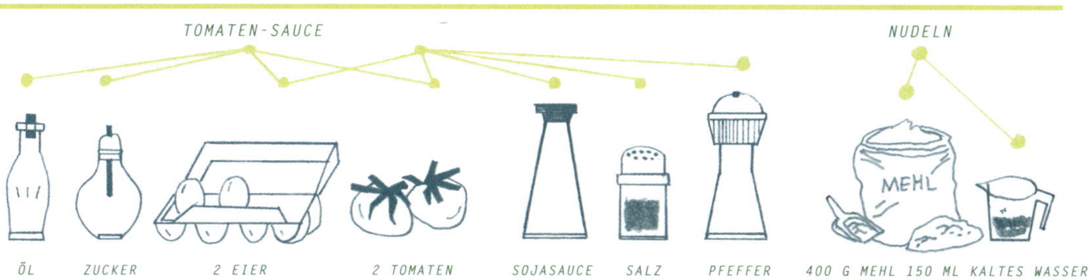

FÜR DEN NUDELTEIG MISCHT MAN DAS MEHL MIT DEM WASSER UND RÜHRT SO LANGE, BIS EINE ZÄHE MASSE ENTSTEHT.
DANN KNETET MAN DEN TEIG. DAS ERINNERT MICH IMMER AN MEINE KINDHEIT. MEINE ELTERN BESASSEN ETWAS GRUND UND EINEN SCHÖNEN HOF. SIE VERPACHTETEN AUCH LAND AN ANDERE BAUERN.

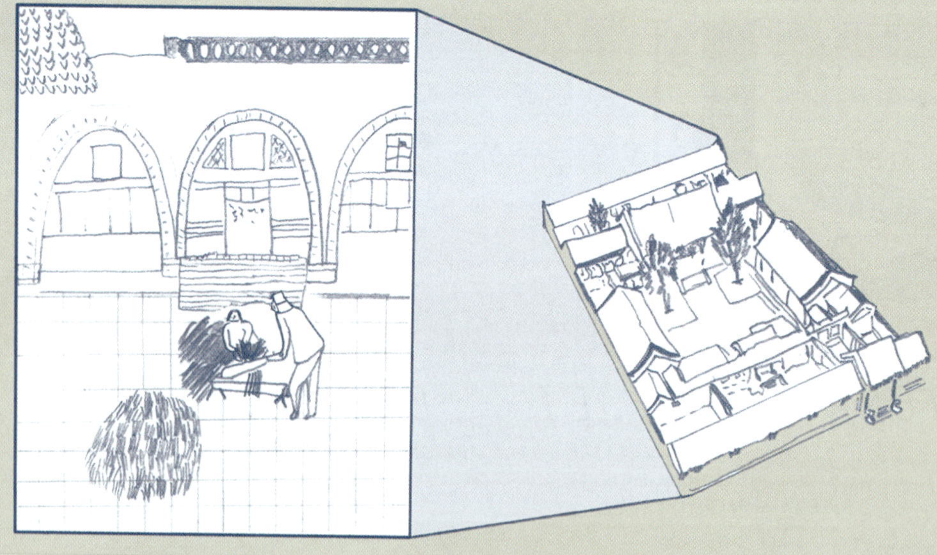

ZWAR HATTE ES AUCH IN FRÜHEREN ZEITEN IMMER WIEDER EINMAL BAUERNAUFSTÄNDE GEGEBEN, ABER ERST MIT DER GRÜNDUNG DER VOLKSREPUBLIK CHINA UNTER MAO ZEDONG 1949 KONNTEN SICH DIE BAUERN GEGEN DIE GRUNDBESITZER BEHAUPTEN.

BEI DER SOGENANNTEN BODENREFORM 1950 WURDEN HOF UND LAND MEINER ELTERN AUFGETEILT. SELBST BLIEB IHNEN NUR NOCH EIN WINZIGER TEIL.
街头批判会
坏份子
MEINE ELTERN WURDEN AN DEN PRANGER GESTELLT UND GEDEMÜTIGT. PRIVATER BESITZ, MÖBEL, BÜCHER - ALLES WURDE ZERSTÖRT.
DANN MACHTE MAO EINEN VERHEERENDEN FEHLER: MIT SEINEM „GROSSEN SPRUNG NACH VORN"* SETZTE ER AUF EINE BESCHLEUNIGUNG DER INDUSTRIEPRODUKTION UND VERNACHLÄSSIGTE DIE LANDWIRTSCHAFT. SO KAM ES 1959 ZUR GRÖSSTEN HUNGERKATASTROPHE DER WELTGESCHICHTE. 30-40 MILLIONEN MENSCHEN STARBEN. IN DIESER ZEIT WURDE ICH GEBOREN.

IST DER TEIG GUT DURCHGEKNETET, SCHNEIDET MAN IHN IN STÜCKE UND BEGINNT DIE NUDELN ZU FORMEN.
DIE FORM IST GESCHMACKSSACHE. MAN KANN DEN TEIG AUCH EINFACH IN KLEINEN STÜCKCHEN DIREKT INS KOCHENDE WASSER WERFEN.
ALS MAO DANN 1976 STARB, WURDEN REFORMEN IN ANGRIFF GENOMMEN. DIE ERSTE BETRAF DIE LANDWIRTSCHAFT. SIE WAR DER GRUNDSTEIN FÜR DEN DARAUF FOLGENDEN WIRTSCHAFTLICHEN AUFSCHWUNG. KLEINE FAMILIENBETRIEBE TRATEN AN DIE STELLE DER PRODUKTIONSBRIGADEN. DIE ZEIT DER VOLKSKOMMUNEN WAR VORBEI.

DER STAAT UNTERSTÜTZTE DIE BAUERN BEIM GETREIDEANBAU. PRODUKTE WIE GEMÜSE, OBST ODER BAUMWOLLE WAREN ALLERDINGS VIEL LUKRATIVER, ALSO STELLTEN DIE BAUERN UM UND DIE ERNÄHRUNGSSICHERHEIT GERIET IN GEFAHR.

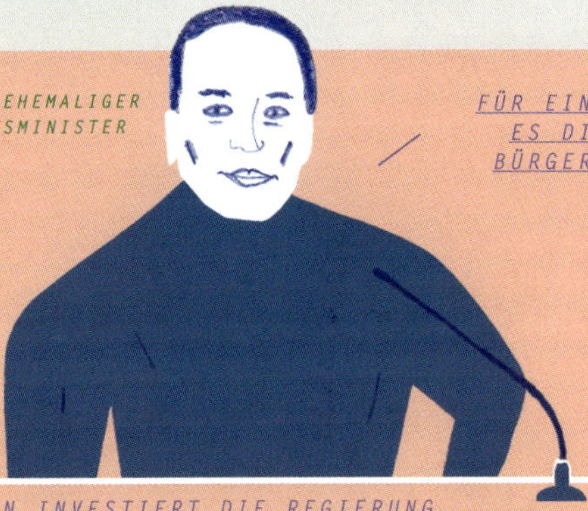

SUN ZHENGCAI, EHEMALIGER LANDWIRTSCHAFTSMINISTER SEPT. 2009

FÜR EIN SO BEVÖLKERUNGSREICHES LAND WIE CHINA IST ES DIE WICHTIGSTE AUFGABE, DIE ERNÄHRUNG SEINER BÜRGER SICHERZUSTELLEN. DAS ENTSCHEIDET ÜBER DIE ENTWICKLUNG UND STABILITÄT UNSERER NATION.

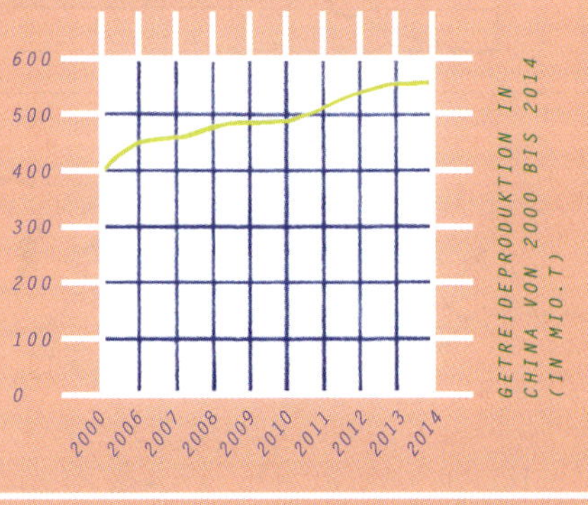

DESWEGEN INVESTIERT DIE REGIERUNG HEUTE WIEDER IN:

KONVENTIONELLE LANDWIRTSCHAFTLICHE TECHNOLOGIEN

BIO- UND GENTECHNOLOGIEN

AUSBAU DER AGRARINDUSTRIE

BEWÄSSERUNG

DÜNGEMITTELVERBRAUCH IN CHINA 1961-2012 IN MIO.T

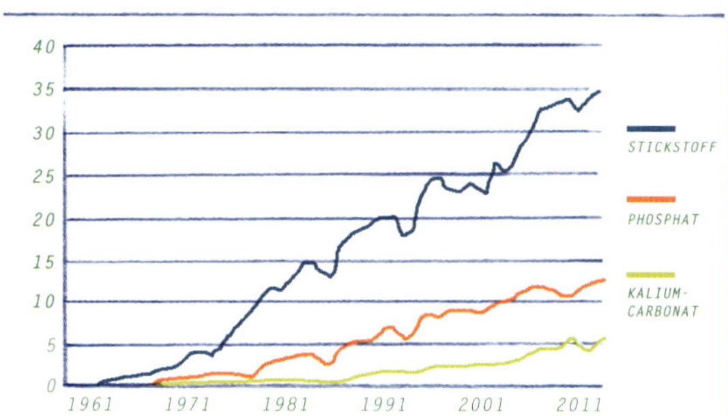

PHOSPHATBILANZ FÜR LANDWIRTSCHAFTLICHE FLÄCHEN IM JAHR 2000

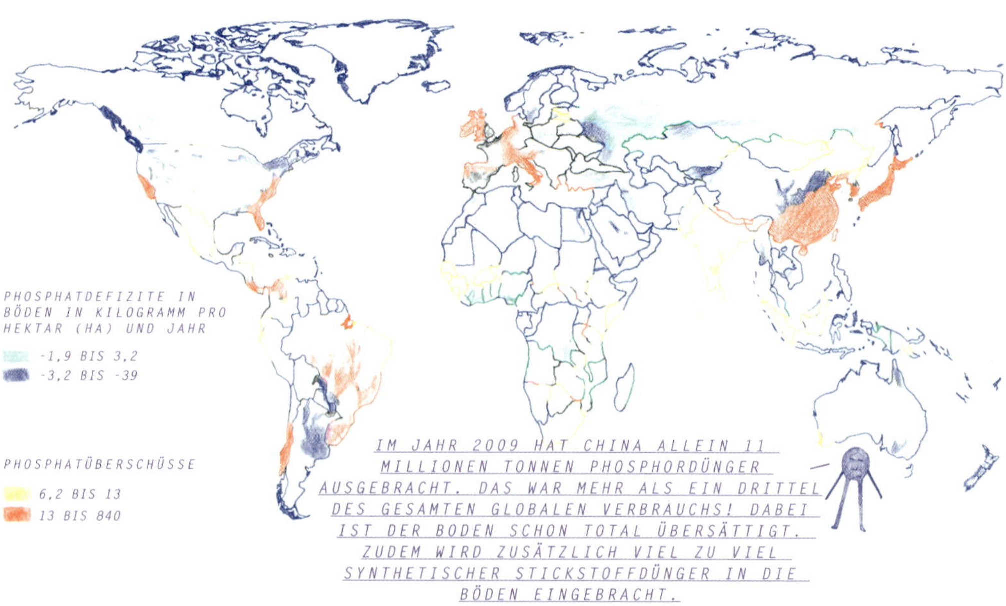

PFLANZEN BENÖTIGEN EIN AUSGEWOGENES MENGENVERHÄLTNIS VON N (STICKSTOFF) : P (PHOSPHOR) : K (KALIUM)
1 NPK 1,25
0,44
ANGEMESSENER DURCHSCHNITTLICHER STICKSTOFFANTEIL
37% NPK
2009
DER IST-ZUSTAND STICKSTOFF-ANTEIL
74%
NK
DER PH-WERT VON LANDWIRTSCHAFTLICH GENUTZTEN BÖDEN SOLLTE ZWISCHEN 5,5 UND 7,5 LIEGEN.
1 2 3 4 5,5 6 7,5 8 9 10 11 12
SYNTHETISCHE STICKSTOFF-DÜNGER BESCHLEUNIGEN DIE BODENVERSAUERUNG.
1 2 3 4 5,5 6 7,5 8 9 10 11 12
DIE ÜBERSCHÜSSE LANDEN ALS LACHGAS IN DER ATMOSPHÄRE ODER WERDEN ALS NITRAT VOM GRUNDWASSER AUSGEWASCHEN.
N2O
NO3
DIE VERFÜGBARKEIT VON NÄHRSTOFFEN WIRD EINGESCHRÄNKT.
MIKROORGANISMEN GERATEN IN GEFAHR.
PHOSPHAT WIRD IN ÜBERSÄUERTEN BÖDEN FESTGESETZT UND KANN NICHT MEHR AUFGENOMMEN WERDEN.
DIE KONZENTRATION VON TOXISCHEN METALLEN ERHÖHT SICH.
FUSUO ZHANG, PROFESSOR FÜR PFLANZENERNÄHRUNG
IN EINIGEN REGIONEN SIND UNSERE ERTRÄGE ZWISCHEN 30 BIS 50 PROZENT ZURÜCKGEGANGEN.
WENN SICH DER TREND FORTSETZT, KÖNNTE IN MANCHEN GEBIETEN DER PH-WERT DES BODENS AUF DREI FALLEN. UNTER DIESEN SAUREN BEDINGUNGEN WÄCHST DANN GAR NICHTS MEHR.

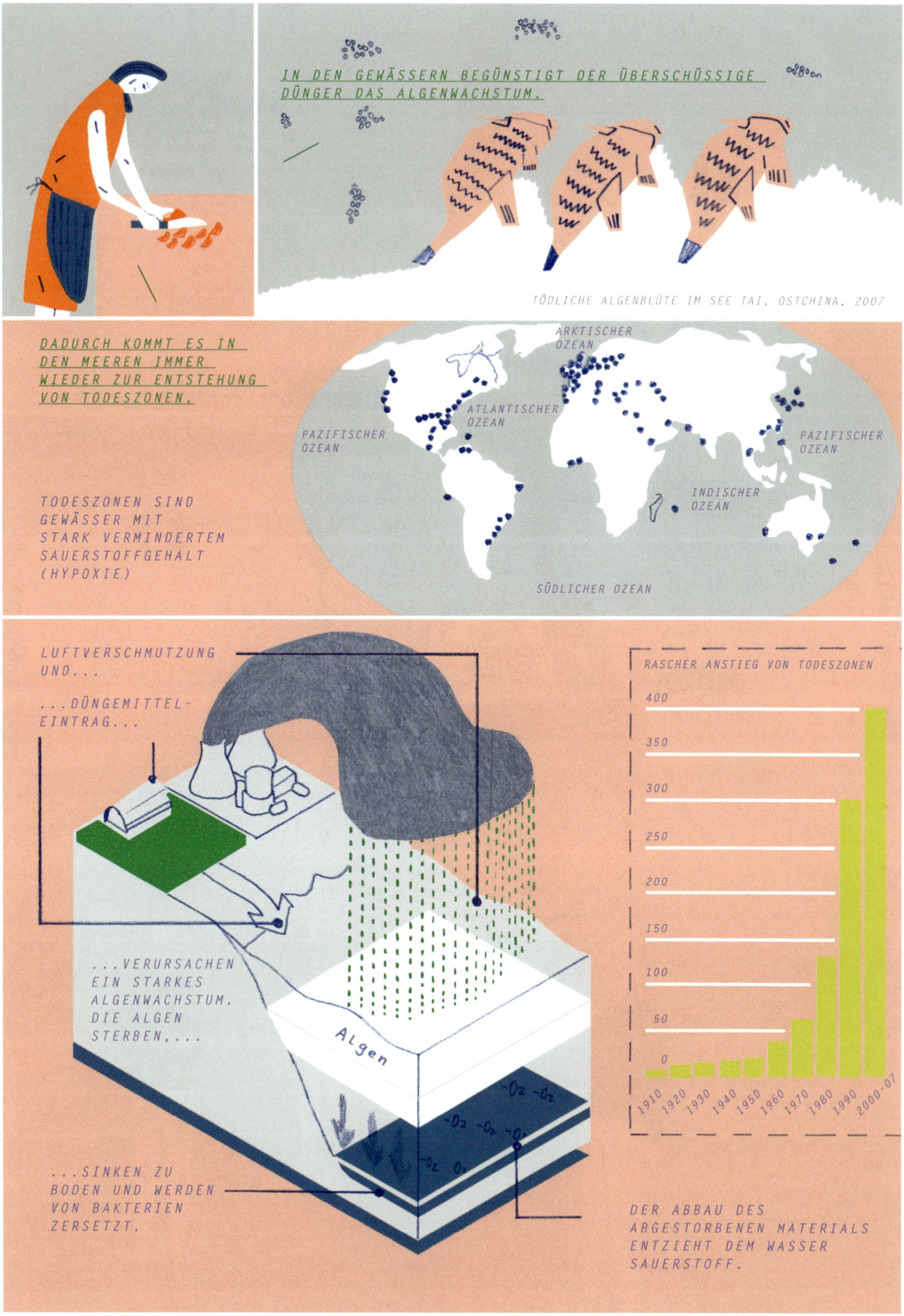

IN DEN GEWÄSSERN BEGÜNSTIGT DER ÜBERSCHÜSSIGE DÜNGER DAS ALGENWACHSTUM.
TÖDLICHE ALGENBLÜTE IM SEE TAI, OSTCHINA, 2007
DADURCH KOMMT ES IN DEN MEEREN IMMER WIEDER ZUR ENTSTEHUNG VON TODESZONEN.
TODESZONEN SIND GEWÄSSER MIT STARK VERMINDERTEM SAUERSTOFFGEHALT (HYPOXIE)
ARKTISCHER OZEAN
ATLANTISCHER OZEAN
PAZIFISCHER OZEAN
PAZIFISCHER OZEAN
INDISCHER OZEAN
SÜDLICHER OZEAN
LUFTVERSCHMUTZUNG UND...
...DÜNGEMITTEL-EINTRAG...
...VERURSACHEN EIN STARKES ALGENWACHSTUM. DIE ALGEN STERBEN,...
Algen
-O2 -O2
-O2 -O2 -O2
-O2 O2
...SINKEN ZU BODEN UND WERDEN VON BAKTERIEN ZERSETZT.
RASCHER ANSTIEG VON TODESZONEN
400
350
300
250
200
150
100
50
0
1910
1920
1930
1940
1950
1960
1970
1980
1990
2000-07
DER ABBAU DES ABGESTORBENEN MATERIALS ENTZIEHT DEM WASSER SAUERSTOFF.

DIE BÖDEN WERDEN NICHT NUR SCHLECHTER, SONDERN AUCH KNAPPER FÜR DIE LANDWIRTSCHAFTLICHE NUTZUNG, DENN DIE MUSS MIT ANDEREN INTERESSEN KONKURRIEREN.

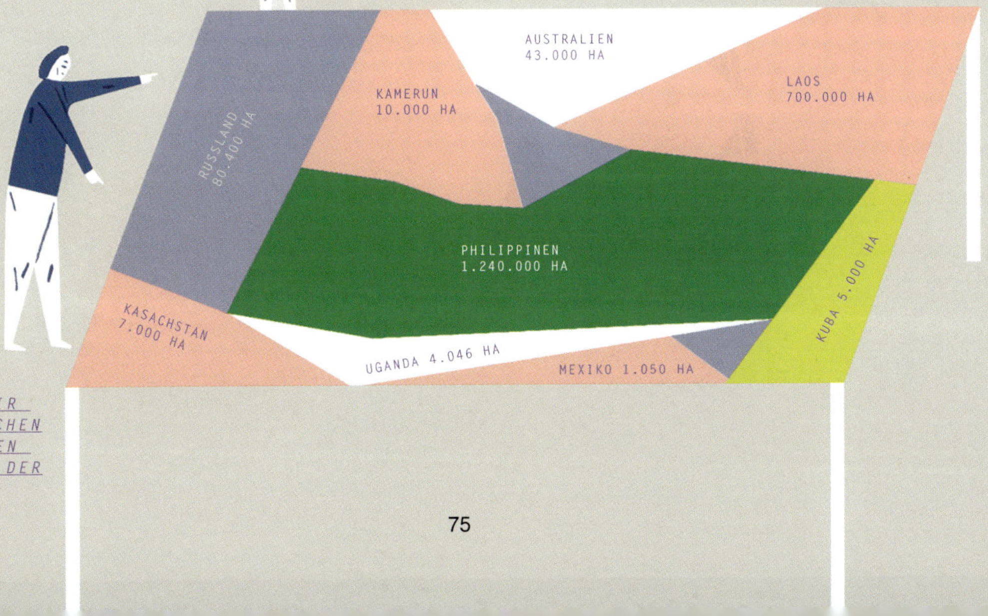

DESHALB KAUFEN WIR AGRARFLÄCHEN IN ANDEREN GEBIETEN DER WELT.

WÄHREND DIE NUDELN KOCHEN, BEIDE
EIER IN EINER SCHÜSSEL VERRÜHREN.
IN EINER PFANNE MIT
ETWAS ÖL ANBRATEN UND
ZERKLEINERN. NICHT ZU
TROCKEN WERDEN LASSEN!
EIER BEISEITE
STELLEN.
TOMATEN ANBRATEN
UND EIER
DARUNTERMISCHEN.
MIT ETWAS SALZ UND
EINEM LÖFFEL ZUCKER
ABSCHMECKEN.
SERVIEREN.

USA 21.038
DEUTSCHLAND 6.590
FRANKREICH 3.756
KANADA 1.904
GROSSBRITANNIEN 1.882
ITALIEN 1.720
SCHWEIZ 1.411
EINZELHANDELSUMSÄTZE BIOLEBENSMITTEL 2011 IN MILLIONEN EURO
BIO-ZERTIFIZIERTE LANDWIRTSCHAFTS-FLÄCHE 2011 IN MILLIONEN HEKTAR
AUSTRALIEN 12,0
ARGENTINIEN 3,8
USA 2,2
CHINA 1,9
SPANIEN 1,6
ITALIEN 1,1
INDIEN 1,1
DEUTSCHLAND 1,0
FRANKREICH 1,0
URUGUAY 0,9
PERU 43.661
TÜRKEI 43.761
ÄTHIOPIEN 122.359
TANSANIA 145.430
MEXIKO 169.570
UGANDA 188.625
INDIEN 547.591
ANZAHL DER BIO-PRODUZENTEN 2011
IMMER MEHR MENSCHEN ACHTEN AUF GUTE QUALITÄT BEI DEN ZUTATEN, SO WIE WIR. ES HAT EINFACH ZU VIELE LEBENSMITTELSKANDALE UND UMWELTKATASTROPHEN GEGEBEN.
AUCH IN REGIERUNGSKREISEN FINDET NUN EIN UMDENKEN STATT, ABER DEN IMMER HÖHER WERDENDEN LEBENSSTANDARD BEREITZUSTELLEN, BLEIBT EINE SCHWERE AUFGABE.

Die hohen Qualitätsansprüche, die sich weltweit durchsetzen, gibt es in Japan schon eine ganze Weile. Welche Auswirkungen das haben kann, findet Yuko nach und nach heraus.

TOKYO

YUKO CHIKAZAWA
lebt allein in einem kleinen Apartment in Tokyo.

0624 AM
TOKYO
02°/11°
SNOOZE
STOP
Riesenquallen bringen Fischerboot zum Kentern! Die Quallen mit einem Durchmesser von bis zu zwei Metern werden nun auch in Japans Gewässern zu einer Plage.
Ahhh…
Quallen der Art *Nemopilema nomurai* in der Wakasa-Bucht im Nord-Westen Japans.
Normalerweise kommen die Quallen nur im Südchinesischen Meer vor, doch seit einigen Jahren treiben sie auch in Schwärmen vor Japans Küsten.
大漁丸
Schuld daran könnten die Erwärmung der Meere, die Überfischung und die Überdüngung der Felder in China sein …
Krass …
Ach, heute wird ja Plastik abgeholt.
キュッ

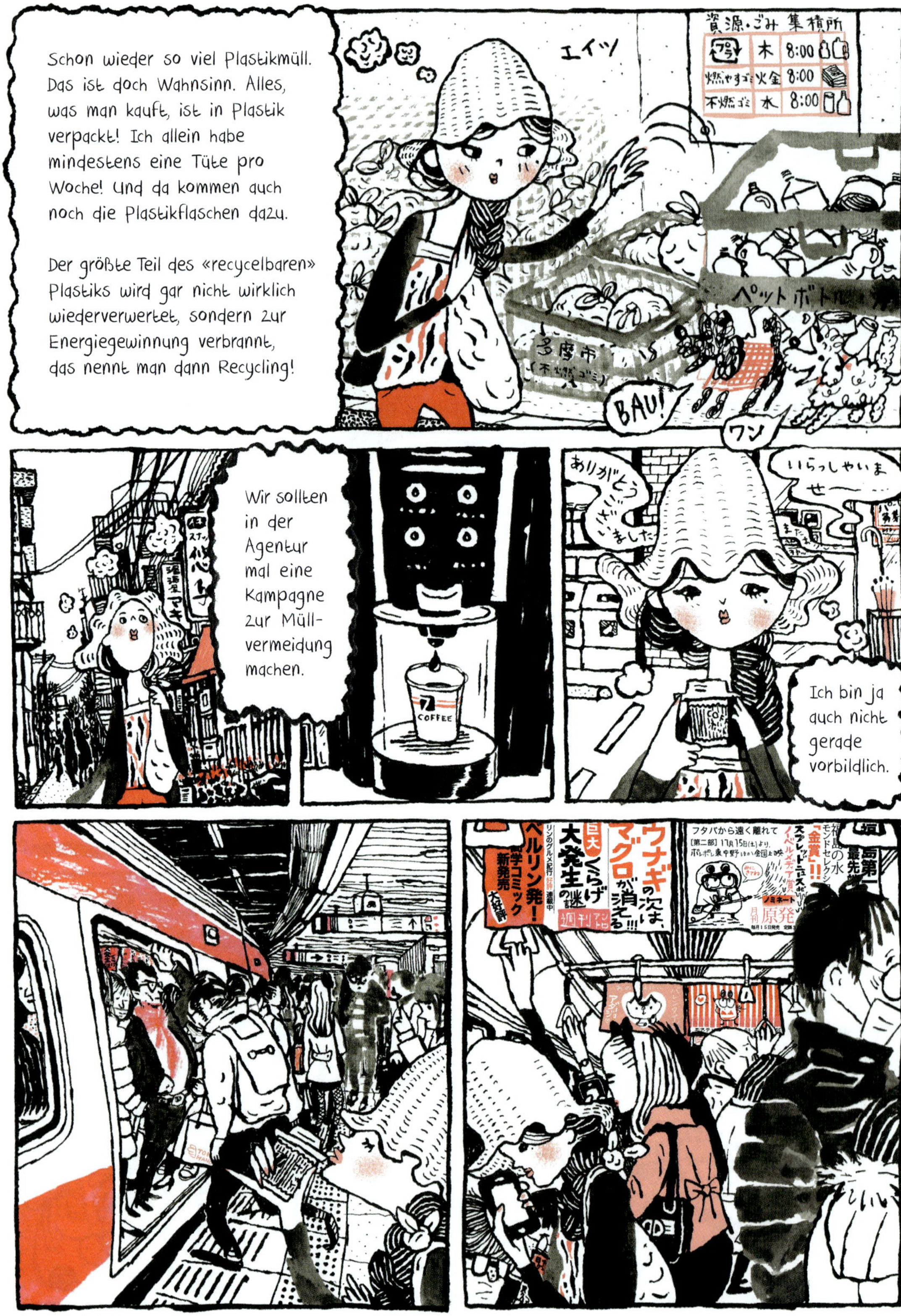

** Japanisch für Wau

In der Agentur

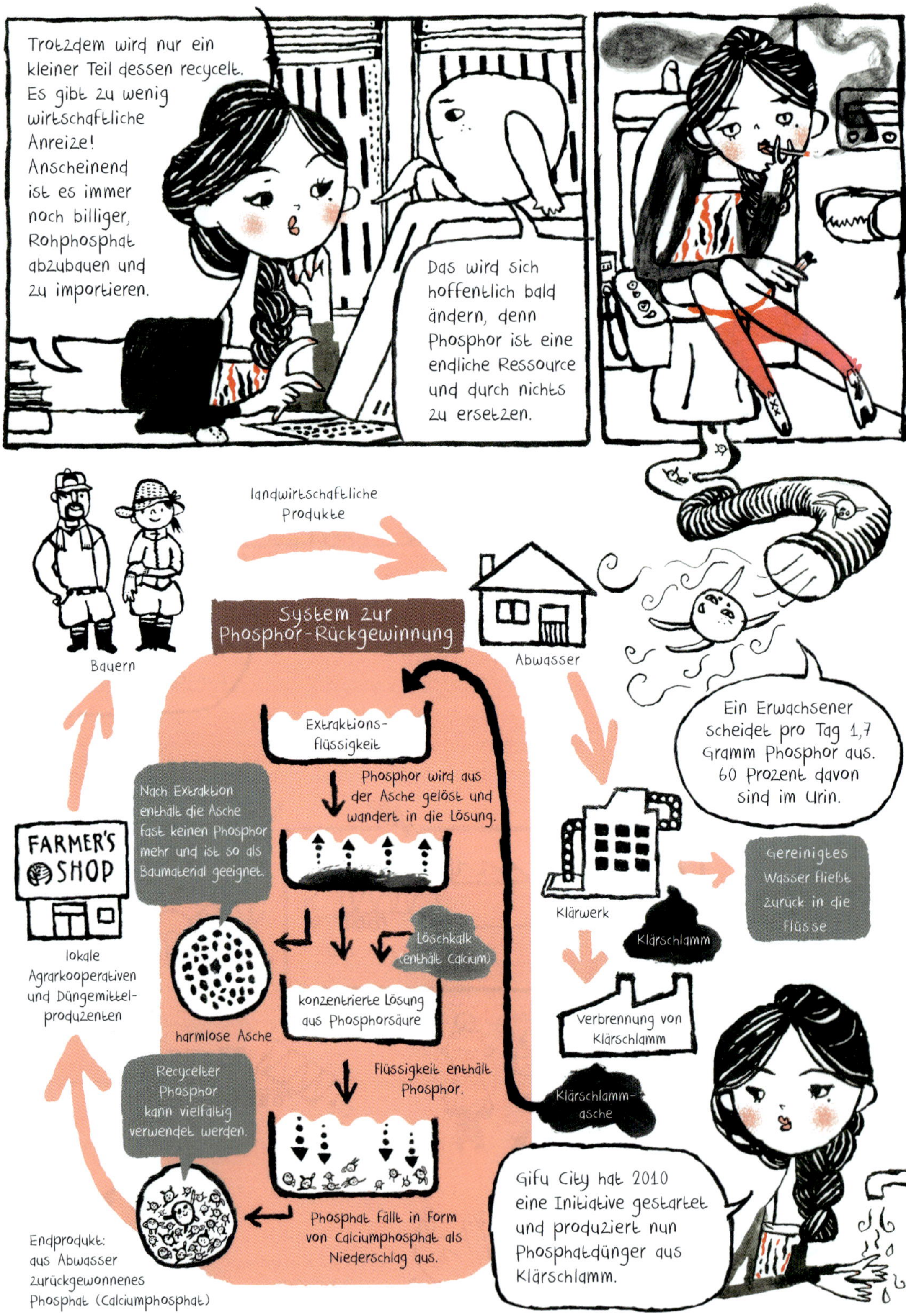
Trotzdem wird nur ein kleiner Teil dessen recycelt. Es gibt zu wenig wirtschaftliche Anreize! Anscheinend ist es immer noch billiger, Rohphosphat abzubauen und zu importieren.
Das wird sich hoffentlich bald ändern, denn Phosphor ist eine endliche Ressource und durch nichts zu ersetzen.
landwirtschaftliche Produkte
Bauern
Abwasser
System zur Phosphor-Rückgewinnung
Ein Erwachsener scheidet pro Tag 1,7 Gramm Phosphor aus. 60 Prozent davon sind im Urin.
Extraktions-flüssigkeit
Phosphor wird aus der Asche gelöst und wandert in die Lösung.
Nach Extraktion enthält die Asche fast keinen Phosphor mehr und ist so als Baumaterial geeignet.
FARMER'S SHOP
lokale Agrarkooperativen und Düngemittel-produzenten
Klärwerk
Gereinigtes Wasser fließt zurück in die Flüsse.
Löschkalk (enthält Calcium)
Klärschlamm
harmlose Asche
konzentrierte Lösung aus Phosphorsäure
Verbrennung von Klärschlamm
Recycelter Phosphor kann vielfältig verwendet werden.
Flüssigkeit enthält Phosphor.
Klärschlamm-asche
Endprodukt: aus Abwasser zurückgewonnenes Phosphat (Calciumphosphat)
Phosphat fällt in Form von Calciumphosphat als Niederschlag aus.
Gifu City hat 2010 eine Initiative gestartet und produziert nun Phosphatdünger aus Klärschlamm.

Heute morgen hab ich im Radio gehört, dass die Meere total überdüngt sind. Wenn man das Phosphat aus dem Wasser holen würde, schützt das ja auch die Ozeane. Zumindest trägt es dazu bei.
Ja, das heißt, man gewinnt nicht nur das Phosphat als Düngemittel, sondern hilft, die Umwelt zu schonen. In diese Richtung muss unser Slogan gehen!
Ich geh was essen. Kommst du mit?
TAP TAP
Nee, ich muss noch was fertig machen. Vielleicht komm ich nach.
OK.
ほっかほっかランチ
全国チェーン加盟店
いらっしゃいませ〜
特牛
590円
うなたま
690円
唐揚げ
一般仕出し弁当も承ります。
TEL・0303003030
サバ定食
店長おすすめ!
490円
カスト
24h
入口
-1F
お会計は789円になりますー
Pip!

おしぼり
SALT
Alles ist aus Plastik. Der Becher, der Teller, der Deckel.
PLASTIC
Oh krass! Jedes Jahr werden weltweit etwa 300 Millionen Tonnen Kunststoff produziert. Die Hälfte davon für Produkte, die man weniger als fünf Minuten nutzt. Eine Plastiktüte ist durchschnittlich nur 25 Minuten in Gebrauch, benötigt aber 100 bis 500 Jahre, um zu zerfallen.
ゴクッ
Plastik wird ja aus Erdöl gemacht – stimmt, das habe ich schon mal gehört. Es ist schon ein Witz … da schmeißen wir nach fünf Minuten einen Becher weg, der aus Rohstoffen gemacht wird, die Millionen Jahre auf dem Buckel haben.
vor rund 300 Millionen Jahren
Faulschlamm
Schlamm u. Schlick
Speichergestein
undurchlässige Schichten
Erdgas
Erdöl
Wasser
ひきたて
珈琲
coffee

Müllstrudel in den Ozeanen
80 Prozent des Plastikmülls kommen vom Land, 20 Prozent von Schiffen und Bohrinseln. Wind, Wellen und Strömungen treiben den Müll zu monströsen, subtropischen Wirbeln zusammen.
UV-Strahlung
1cm
Der meiste Müll treibt unter der Oberfläche, sodass man ihn gar nicht so richtig sehen kann.
10m
30m
5kg / km²
超お得
CURRY
ブラックペッパ
Plastik
Glas
Metall
Fischereiausrüstung
Abfälle, gefunden am Meeresboden in der Bucht von Tokyo.
Letztlich landet also jedes einfach so weggeworfene Stück Plastik irgendwann im Meer.

Viele Tiere verwechseln die Plastikteilchen mit Futter. Und so sieht dann ihr Mageninhalt aus. Das Plastik gerät also nicht nur in unsere Nahrungskette, sondern die Tiere sterben auch daran.
Dr. Hideshige Takada, Umwelt-Geochemiker an der Universität Tokyo und Gründer des International Pellet Watch (IPW)
Zusätzlich zieht das Mikroplastik langlebige organische Giftstoffe an, die aus anderen Verunreinigungsquellen in die Ozeane gelangen.
Hey Yuko-san, du schaust ja so skeptisch. Schmeckt dir das Essen nicht?
Ich hab gerade Plastik, Fisch, Müll und Meer gegoogelt und dabei ist mir echt der Appetit vergangen.
Ich esse schon lange keinen Fisch mehr.
Das ist total ungewöhnlich, ich weiß. Aber mir macht die Überfischung zu schaffen.
Die Fischbestände sind in den letzten Jahren massiv eingebrochen.

** 155 Millionen Yen entsprechen ungefähr 1,3 Millionen Euro

91,3 Millionen Tonnen Fisch und Meerestiere werden jedes Jahr gefischt. Und dazu kommt dann auch noch der ganze Beifang.
Was du alles weißt! Das sind so unglaubliche Mengen. Dann müssen wir einfach mehr züchten. Viele Fische kommen doch schon aus Aquakulturen.
1 kg Garnelen
9 kg Beifang
realer Fischverbrauch Aquakultur
bis zu 5 kg Fisch
1 kg Fisch (Lachs)
Mit der Zucht ist das so eine Sache. Da die beliebtesten Fische selber Fische fressen, wandelt man quasi eine Art in die andere um - und Thunfische lassen sich zwar mästen, aber sie vermehren sich nicht in Gefangenschaft. Also fängt man die Jungfische und nimmt sie so aus dem Reproduktionskreislauf raus.
Ahhhh, und weil es keine Fische mehr gibt, die die Quallen fressen, kommt es zu diesen extremen Quallenplagen.
道玄坂
Wenn ich das alles so bedenke ... Vielleicht verzichte ich in Zukunft auch lieber auf Fisch! Aber wo kriege ich dann die Proteine her? Meine Oma sagt immer, ich soll viel Fisch essen, das ist gesund.
Algen haben zum Beispiel auch richtig viel Proteine, das ist nur weniger bekannt.

Abends
いらっしゃいませ〜。
Ach, ich muss ja noch einkaufen.
Ich mach mir einfach schnell eine Suppe.
Und noch Onigiri mit Umeboshi, lecker!
ありがとうございましたー。
またおこしくださいー。
Ich muss unbedingt mehr selber kochen.
Dieses Plastikzeug geht mir echt auf die Nerven.

** marine Braunalgenart *Undaria pinnatifida*

Yuko-chan, was machst du gerade? Oh, du hast gekocht?
Ich wusste gar nicht, dass du das kannst? Huhuhu.
Dashi-Brühe aus Pulver?? Das schmeckt aber nicht gut.
Dashi ist eine der wichtigsten Zutaten unserer Küche. Die Brühe wird hauptsächlich aus Kombu gemacht.
Kikunae Ikeda entdeckte 1908 den Geschmack des Umami.
Kombu ist sehr reich an Glutaminsäure, einem natürlichen Geschmacksverstärker. Dieser wird auch als うま味 umami, als fünfter Geschmack neben süß, sauer, bitter und salzig, bezeichnet. Die Dashi-Brühe selber schmeckt nicht besonders intensiv, aber sie verstärkt den Geschmack der anderen Zutaten und hebt diese in besonderer Weise hervor. Deswegen findet man Dashi in fast allen japanischen Gerichten.
味の素
Der meiste Kombu stammt von *Saccharina japonica*, auch japanischer Blatttang oder Seekohl genannt, aus kultiviertem Anbau vor der Insel Hokkaido.
sauer
UMAMI
salzig
bitter
süß
DASHI
Für eine richtige Dashi-Brühe brauchst du:
25g Kombu
25g Katsuobushi (Bonito-Fischflocken)
8 Tassen Wasser

(1) Den Kombu mit einem Tuch abwischen. Das Wasser in einen Topf geben, Kombu dazu und mindestens 30 Minuten ziehen lassen, wenn möglich sogar über Nacht.

(2) Kombu herausnehmen und die Brühe vorsichtig auf 80°C erhitzen. Nicht kochen!

3 Hitze wegnehmen und die Bonitoflocken hinzufügen. Nachdem sich die Flocken mit der Brühe vollgesaugt haben und auf den Boden sinken, die Brühe durch ein Sieb gießen.
Fertig ist die Suppe. Aber die Herstellung der Bonitoflocken ist eine Wissenschaft für sich und dauert mindestens ein halbes Jahr!
Der Fisch wird filetiert, gekocht, penibelst gesäubert und von Gräten befreit, dann mehrmals geräuchert. Damit er Wasser verliert, wird er ...
... an der Sonne getrocknet, wiederholt mit Hilfe eines Pilzes gepökelt und nochmal an der Sonne getrocknet, bis er fast wie Glas wird. So kann man dann mit einem Hobel feine Flocken abschaben.
Oh, welch ein Aufwand, und wie schnell ich dann die Suppe löffle!!
Wenn du das nächste Mal da bist, kochen wir zusammen eine richtig gute Dashi-Brühe!
Ja schön! Das machen wir!

Phosphorrecycling könnte ein guter Weg für die Zukunft sein.
Auch Pflanzen entwickelten Wege, Ressourcen effizient zu nutzen – manchmal nicht unbedingt freiwillig, wie wir in Indien sehen.

NEU-DELHI

In diesem Kapitel reisen wir nicht nur durch den Raum, sondern auch durch die Zeit. Beginnen wir im Hier und Jetzt.

Urvashi und Avinash

In ihrer momentanen Inkarnation* wohnen Urvashi und Avinash in Neu-Delhi, aber davor haben sie an ganz verschiedenen Orten in Indien gelebt.

Japaner essen natürlich nicht nur Fisch und Algen, sondern auch sehr viel Reis, wie die meisten Asiaten. Reis ist die weltweit wichtigste Nutzpflanze und Hauptnahrungsquelle von ca. drei Milliarden Menschen.
In Asien beziehen mehr als zwei Milliarden Menschen bis zu 70 Prozent ihrer täglich benötigten Kalorien aus Reis, vor allem in ärmeren Regionen. Wenn sich der Ernährungstrend fortsetzt, werden sich 2025 mehr als doppelt so viele Menschen von Reis ernähren. Die Produktion muss also enorm steigen.

Hinter den Bergen im Norden sammeln sie den Reis nicht mehr in der Wildnis, sondern bauen ihn selbst an! Versuchen wir das doch auch, Avinash.
Die Geschichte der Reiskultivierung beginnt im Neolithikum* vor rund 10.000 Jahren. Urvashi und Avinash sind Jäger und Sammler, wie alle damals.
Oryza sativa
Wildreis in China vor 10.000 Jahren:
Oryza nivara
Oryza rufipogon
Subspezies indica Frühes Indien
Subspezies japonica Frühes China
Domestizierter Reis ...
Langkorn, flockig jährlich (Monsun*)
Rundkorn, klebrig mehrjährig (Flusstäler, Seen)
... überholte bald wilde Arten.
Ja ok, Urvashi, aber ich mag diese runde klebrige Art gar nicht. Bei mir muss ein Reiskorn lang und leicht sein!
langes Korn
rundes Korn
saisonale Überschwemmungen (Monsun)
Wasserspiegel
Trockenreis Oryza nivara
bewässertes Reisfeld
tieferes Wasser
Nassreis Oryza rufipogon

Im späten Mittelalter, um 1500 herum, während der Herrschaft Akbars des Großen, führt der Gelehrte Todarmal auf den Feldern ausgeklügelte landwirtschaftliche Bewirtschaftungsmethoden ein. Urvashi und Avinash verdingen sich als Bauern auf Feldern des großen Herrschers.
Krebse
Reptilien
Ein bewässertes Reisfeld ist ein Ökosystem mit einer großen Artenvielfalt. Die einzelnen Arten agieren miteinander, zum Beispiel in Räuber-Beute-Verhältnissen. Es gibt dort aber auch einen regen Austausch zwischen Pflanzen und Tieren.
Fische
Amphibien
Insekten
Spinnen
Todarmal

** Reis mit Quark

Curd-Rice-Rezept ...

Für meinen Curd-Rice benötige ich:

- gedünsteten Basmatireis (oder eine andere Reissorte)
- Joghurt oder Quark
- ein wenig Salz
- 1/2 EL Öl
- schwarze Senfkörner
- getrockneten roten Chili und frischen Ingwer nach Belieben

1) Nimm den gedünsteten Reis (der kann auch vom Vortag sein – tolles Rezept für ein Resteessen) je nach Vorliebe kalt oder warm. In dieser Sommerhitze ziehe ich die kalte Variante vor.

2) Joghurt oder Quark vorsichtig salzen – du willst dem Gericht nur ein leicht salziges Aroma verleihen – und mit dem Reis mischen.

3) Erhitze das Öl in einer kleinen Pfanne.

4) Gib die Senfkörner hinzu und brate sie so lange an, bis sie zu spritzen beginnen.

5) Du kannst auch den getrockneten roten Chili dazugeben, aber sei vorsichtig, dass nichts davon anbrennt. Nur so lange rösten, bis es anfängt zu spritzen und wieder aufhört.

6) Mische die heiße Öl-Samen-Mixtur unter dein Reis-Quark-Gemisch.

7) Wenn du dem Ganzen einen frischen Touch geben willst, dann gib noch ein wenig geriebenen Ingwer dazu.

… mit eingelegter Mango

Akbar der Große

Für mein Mango-Pickle brauche ich:

- 3–4 frische, mittelgroße Mangos, reif, aber nicht zu weich, klein gewürfelt. Schale dranlassen!
- 1 TL Salz
- 1 TL rotes Chilipulver
- 4 EL Sesamöl oder ein anderes Pflanzenöl
- 3 EL braune Senfkörner (Rai seeds)
- 1 Prise Asant-(Asafoetida-)Pulver
- 1/2 TL Bockshornkleesamen, getrocknet, geröstet und zermahlen

1) Die gewürfelten Mangostücke ein bisschen salzen und mit rotem Chilipulver, Asant-Pulver und Bockshornkleesamen bestreuen. Ziehen lassen.

2) Das Öl in einem kleinen Wok oder einer Pfanne erhitzen und darin die braunen Senfkörner anbraten, bis sich ein wunderbarer Duft entfaltet. Nicht überhitzen!

3) Das heiße Öl unter die Mango-Mischung rühren. Alle Mangostücke müssen vollkommen bedeckt sein.

4) 24 Stunden ziehenlassen – fertig.

Lasst uns nun in die 1960er Jahre springen. Da ist Indien gerade eine sehr junge Demokratie. Das Land war bis 1947 eine britische Kolonie. Avinash muss hart arbeiten, um sich und seine Frau über Wasser zu halten.

1943 erlebte das unter britischer Autorität stehende Indien eine katastrophale Hungersnot in der nordöstlichen Region Bengalen, ausgelöst durch die japanische Besetzung des benachbarten Burma ein Jahr zuvor. **Mindestens** drei Millionen Menschen starben trotz einer guten Ernte in Bengalen und Getreideüberschüssen in anderen Teilen Indiens. Churchill exportierte lieber das Getreide, um Britanniens Kriegsanstrengungen zu unterstützen.

Es ist sehr erniedrigend für ein Land, auf den Import von Nahrungsmitteln angewiesen zu sein.
1955
Jawaharlal Nehru vor dem Roten Fort in Delhi

Spät abends ist Avinash fertig mit der Arbeit

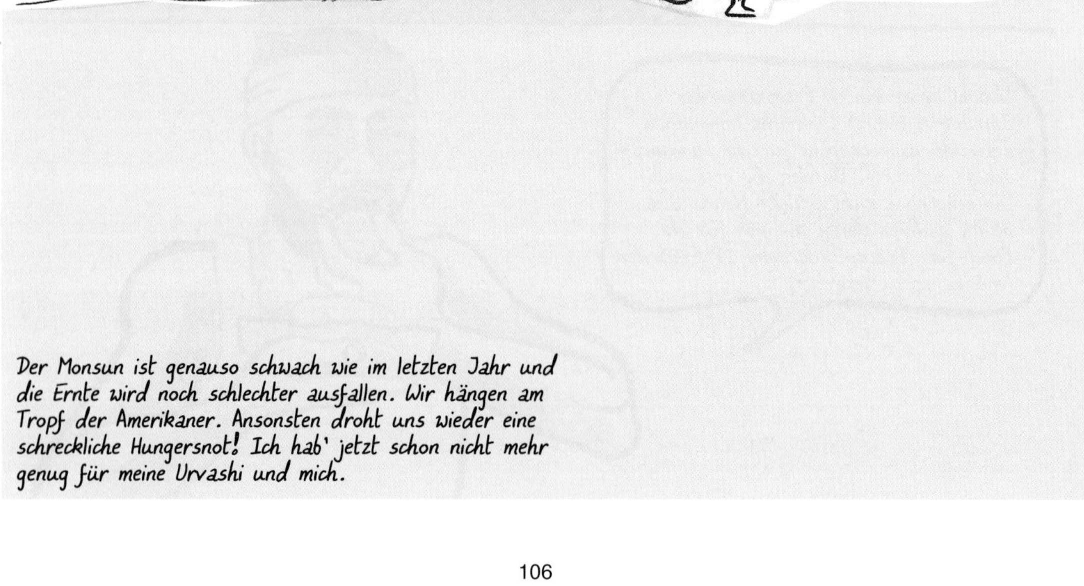
Der Monsun ist genauso schwach wie im letzten Jahr und die Ernte wird noch schlechter ausfallen. Wir hängen am Tropf der Amerikaner. Ansonsten droht uns wieder eine schreckliche Hungersnot! Ich hab' jetzt schon nicht mehr genug für meine Urvashi und mich.

Aber als die Vereinigten Staaten Vietnam bombardierten und Indien seine Bedenken formulierte ...

OPERATION ROLLENDER DONNER 1966: DIE USA BOMBARDIEREN DIE VIETNAMESISCHEN ZENTREN HANOI UND HAI PHÒNG

Indiens 2. Premierminister Lal Bahadur Shashtri

Amerikas 36. Präsident Lyndon B. Johnson

Wir waren so verzweifelt, dass wir auf der UN-Ernährungskonferenz in Rom einen Kompromiss mit den USA aushandelten: Indien würde seine Landwirtschaft umstrukturieren und bei Einhalten der Bedingungen schicken die USA wieder Weizen.

WEIZEN

Noch 1966 trifft sich die dritte Premierministerin von Indien, Indira Gandhi, mit Lyndon B. Johnson.

Norman Borlaug, Agrarwissenschaftler und Begründer der Grünen Revolution, 1966 in Mexiko.

Lerma Rojo 64, Kreuzung aus einer Zwerg- und einer Hochertragssorte. Stärkere Halme können größere Ähren* mit größeren Körnern tragen.

** Erste Hochertragsreissorte, welche in den 1960er Jahren die Grüne Revolution in Asien ermöglichte.

2016 entwickeln Avinash und Urvashi ein Computerspiel in ihrem Atelier in Neu-Delhi.
Schau mal, es gibt ganz verschiedene Techniken in der Pflanzenzucht. Das brauche ich für die Szene mit dem magischen Reis!
Wow, hier steht, dass sich die Reiserträge seit 1961 mehr als verdreifacht haben und mit Asiens wachsender Bevölkerung Schritt halten. Das ist wie Zauberei!
Aber irgendwie scheint es so, als ob diese Kulturpflanzen nichts Natürliches mehr haben.

traditionelle Zucht*
Marker-gestützte Selektion*
Interspezies-Kreuzung*
transgene Organismen*
Mutationszüchtung*

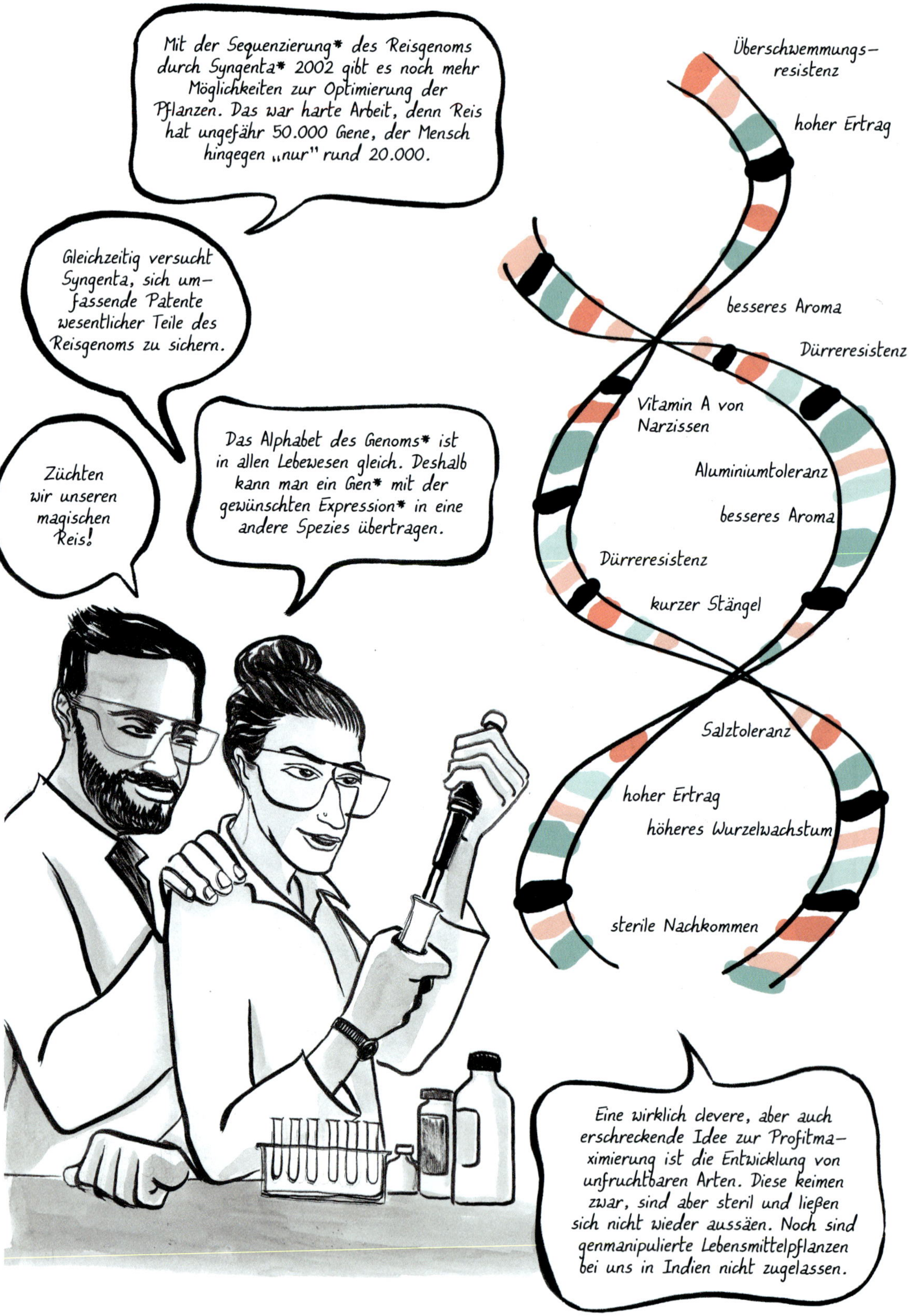
Mit der Sequenzierung* des Reisgenoms durch Syngenta* 2002 gibt es noch mehr Möglichkeiten zur Optimierung der Pflanzen. Das war harte Arbeit, denn Reis hat ungefähr 50.000 Gene, der Mensch hingegen „nur" rund 20.000.
Gleichzeitig versucht Syngenta, sich umfassende Patente wesentlicher Teile des Reisgenoms zu sichern.
Züchten wir unseren magischen Reis!
Das Alphabet des Genoms* ist in allen Lebewesen gleich. Deshalb kann man ein Gen* mit der gewünschten Expression* in eine andere Spezies übertragen.
Überschwemmungsresistenz
hoher Ertrag
besseres Aroma
Dürreresistenz
Vitamin A von Narzissen
Aluminiumtoleranz
besseres Aroma
Dürreresistenz
kurzer Stängel
Salztoleranz
hoher Ertrag
höheres Wurzelwachstum
sterile Nachkommen
Eine wirklich clevere, aber auch erschreckende Idee zur Profitmaximierung ist die Entwicklung von unfruchtbaren Arten. Diese keimen zwar, sind aber steril und ließen sich nicht wieder aussäen. Noch sind genmanipulierte Lebensmittelpflanzen bei uns in Indien nicht zugelassen.

+ Pup1
Das Protein-Kinase-Gen PSTOL1 (phosphorus-starvation tolerance 1) steigert den Ertrag selbst auf phosphorarmen Böden.
Man kann auch ein Gen zur Anregung des Wurzelwachstums implementieren. Mit mehr Wurzeloberfläche kann die Pflanze natürlich auch mehr Phosphor aufnehmen, dann muss man weniger düngen.
Oder man pflanzt dem Reis ein Beta-Carotin* produzierendes Gen ein ...
... und erhält Goldenen Reis und rettet damit die Leben von Millionen Menschen, die sonst an Vitamin-A-Mangel sterben oder erblinden.
Erfinder des „Goldenen Reis" Ingo Potrykus und Peter Beyer
Wie man Goldenen Reis herstellt
Bakterium Agrobacterium tumefaciens
T-DNA
1) Das Plasmid* wird dem Bakterium entnommen und die T-DNA mit Hilfe eines Enzyms aufgeschnitten.
2) Fremd-DNA wird mit Hilfe desselben Enzyms* ausgeschnitten.
Beta-Carotin Ziel-Gen von Narzissen.
3) Fremd-DNA wird der T-DNA eingesetzt.
rekombinantes Plasmid mit Fremd-DNA
4) Das Plasmid wird wieder in ein Bakterium eingesetzt.
Agrobacterium mit rekombinantem Plasmid
originale Pflanzenzellen
5) Die Bakterien infizieren die Pflanzenzellen und übermitteln dabei die gewünschte DNA (also das Beta-Carotin-produzierende Gen).
6) Die Pflanzenzellen werden in Kulturen gezüchtet.
7) Aus einem Zellklon wird eine Pflanze.
SRG2: Goldener Reis

Oh, nun sind wir im Jahr 2050 – Geschätzte Weltbevölkerung: 9,6 Milliarden, 1,6 Milliarden allein in Indien. Urvashi und Avinash sind mittlerweile alt und haben eine große Familie mit vielen Nachkommen!
Wenn ich so zurückdenke, Urvashi, eine Zeit lang sah es gar nicht gut aus. Die Grüne Revolution hat unsere Landwirtschaft an den Rand des Kollaps geführt. Nur noch zehn Hochleistungssorten von vormals 30.000 Reisarten wurden angebaut! Die waren natürlich anfällig für Schädlinge und Krankheiten und es gab keine Alternativen mehr, außer noch mehr Pestizide und andere Mittel.
Die Grüne Revolution, die Indira Gandhi 1966 angestoßen hat, kollabierte, weil die Böden ausgelaugt waren und es kein Wasser mehr gab.

Springen wir schnell zurück ins Jahr 2016 und hoffen, dass noch ein Wunder geschieht und die Zukunft anders aussehen wird.
Gut, dass es Menschen gibt, die alte Reissorten bewahren und schon eine ganze Menge verschiedener Arten angesammelt haben. Mit meinem Reis-Intensivierungs-System* und diesen individuellen Sorten produzieren wir aus wenig Saatgut höhere Ernten als die industrielle Landwirtschaft – und das auch noch mit weniger Wasser und weniger Chemikalien.
Am Anfang muss man eine Menge Arbeitskraft investieren, aber nach einer gewissen Umstellungsphase gleicht sich das aus. Die Leute sprechen immer nur über Gene, Gene, und nochmals Gene, keiner macht sich über das Management von Kulturpflanzen Gedanken. Man ist besessen davon, immer leistungsfähigere Pflanzen zu generieren, darüber hätten wir beinahe unsere biologischen Wurzeln verloren.
Norman Uphoff, amerikanischer Sozialwissenschaftler und Professor für Staatswesen und Internationale Landwirtschaft
Die ganze Welt liebt indisches Essen, vor allem unsere Reisgerichte. Auch auf Fidschi, wo ein Drittel der Bevölkerung indischer Abstammung ist. Von 1879 bis 1916 brachten die britischen Kolonialherren indische Arbeiter auf ihre Zuckerrohrplantagen auf Fidschi.

Die Menschen kamen nicht nur aus Indien nach Fidschi, sondern auch aus Kiribati, wo der Phosphor eine wundersame Verwandlung erlebt hat.

BANABA

Katerina ist auf Fidschi geboren und aufgewachsen. Sie ist kiribatischer und afrikanisch-amerikanischer Abstammung und lebt mit ihrerer Familie in Canberra, Australien.

Rabi Island, Teil der Fidschi Gruppe
Mama, wir sind gleich da!
Mauri Nei Tearia und Katerina!
E roko te boti!
Wie läuft deine Forschung?
Danke gut, Dad. Ich fahre nach Banaba, sobald die Crew feststeht.
Oh, wie toll. Da muss ich dir ja unbedingt zeigen, wie man das wichtigste Gericht aus Banaba zubereitet.

Kokoda
Du nimmst einen schönen weißen Fisch. Diesen hier hat Lala heute morgen geangelt.
Haut und Gräten entfernen und in kleine Würfel schneiden.
Für 850 g Fisch brauchst du ungefähr eine 3/4 Tasse Zitronensaft. Den kannst du auch mit Limonensaft mischen. Darin legst du den Fisch für ca. zwei Stunden ein. Abdecken und in den Kühlschrank.

** Taro (*Colocasia esculenta*) ist ein Knollengemüse, auch bekannt als Wasserwurzel

** Bele (*Hibiscus manihot*) ist eine Zier-, aber auch Gemüse-, Faser- und Heilpflanze

Eine Woche später
... suchen wir Leute oder Fracht für eine Fahrt von Tarawa nach Banaba ...
Hi Nick, ich fahre schon morgen nach Kiribati.
Wow, das ging schnell.
Ja, wir haben nun genug Leute und Fracht zusammen und das Wetter ist perfekt.
Tearia bleibt hier bei Mom und Dad.
Mach' die keine Sorgen, ihr geht es gut!
Zeigst du mir den Tanz?
Wir machen bwatere, e nako!

RABI
BANABA
TARAWA
NADI
2000 km
Tarawa
NEI TARAWA
NEI TARAWA
Leinen los! Die Bedingungen sind optimal.
Warum fahren Sie nach Banaba? Man muss dort sehr vorsichtig sein, es ist ein trauriger Ort.
Ich bin Anthropologin* und habe mich mit der Geschichte des Phosphatabbaus und dessen Auswirkungen auf Land und Bewohner von Banaba beschäftigt, auch, weil es Teil meiner eigenen Geschichte ist.
Phosphatabbau?
Ja, als Dünger. Banaba war früher eine britische Kolonie und sehr wichtig für eine wachsende Agrar- und Düngemittelproduktion in Australien und Neuseeland.
Schau an! Phosphat, so rein wie ich es in der Natur noch nie gesehen habe! Wo kommt das her?
Albert Ellis, Sydney, 1899

Banaba, 10. Mai 1900, an Bord der SS Archer
1900 entdeckte eine britische Firma reinstes Phosphatgestein ...
... und fing mit dem Abbau an.
Ahh, wie nervig mit jedem Einzelnen verhandeln zu müssen!!
Mach' hier dein Kreuz, davon hast du was und wir alle auch!
WAS PASSIERT HIER?
Oh, das gefällt mir gar nicht!!

Unser Land wurde verschifft und als Dünger auf den Feldern Australiens und Neuseelands verstreut ...
Banaba
NEI TARAWA
... um dort der nachlassenden Fruchtbarkeit entgegenzuwirken und Waren herzustellen, die auf der ganzen Welt verkauft wurden.
Wir sind verloren!

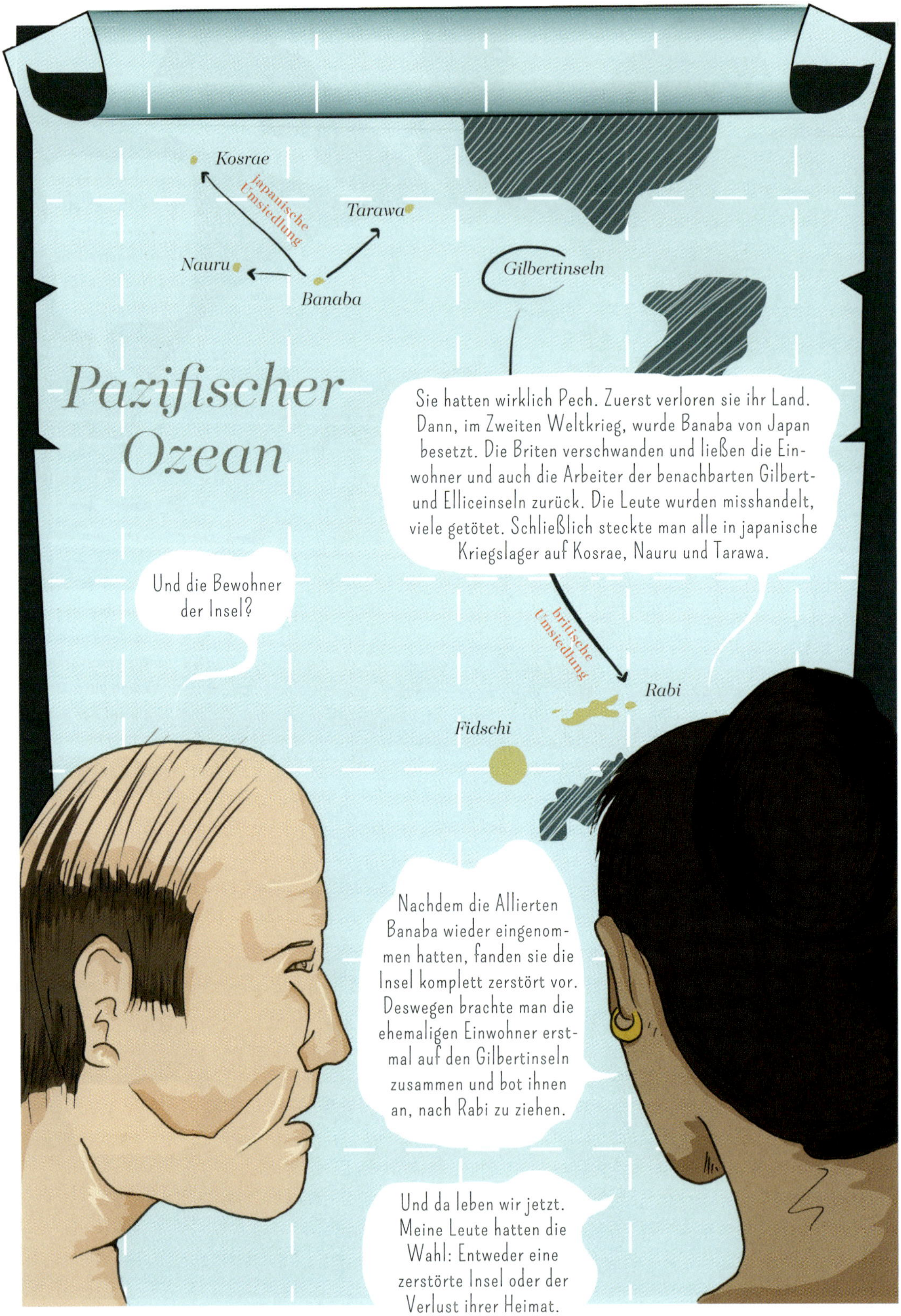
Kosrae
japanische Umsiedlung
Tarawa
Nauru
Banaba
Gilbertinseln
Pazifischer Ozean
Sie hatten wirklich Pech. Zuerst verloren sie ihr Land. Dann, im Zweiten Weltkrieg, wurde Banaba von Japan besetzt. Die Briten verschwanden und ließen die Einwohner und auch die Arbeiter der benachbarten Gilbert- und Elliceinseln zurück. Die Leute wurden misshandelt, viele getötet. Schließlich steckte man alle in japanische Kriegslager auf Kosrae, Nauru und Tarawa.
Und die Bewohner der Insel?
britische Umsiedlung
Rabi
Fidschi
Nachdem die Alliierten Banaba wieder eingenommen hatten, fanden sie die Insel komplett zerstört vor. Deswegen brachte man die ehemaligen Einwohner erstmal auf den Gilbertinseln zusammen und bot ihnen an, nach Rabi zu ziehen.
Und da leben wir jetzt. Meine Leute hatten die Wahl: Entweder eine zerstörte Insel oder der Verlust ihrer Heimat.

So viel Leid wegen Phosphat! Der Nachbarinsel Nauru wurde ein ähnliches Schicksal zuteil, allerdings konnten die Menschen dort auf ihrem Land bleiben, weil die Abbaugebiete nicht direkt unter ihren Häusern waren.

Dabei fing alles so nett an: Seevögel nisteten auf dieser wunderbaren Insel und hinterließen … ihren Kot!

Der Meeresspiegel hob und senkte sich, das Land verkarstete, und in einem mysteriösen, chemischen Prozess wurde aus den Exkrementen und dem Calciumcarbonat im Kalkstein reinstes Phosphat!

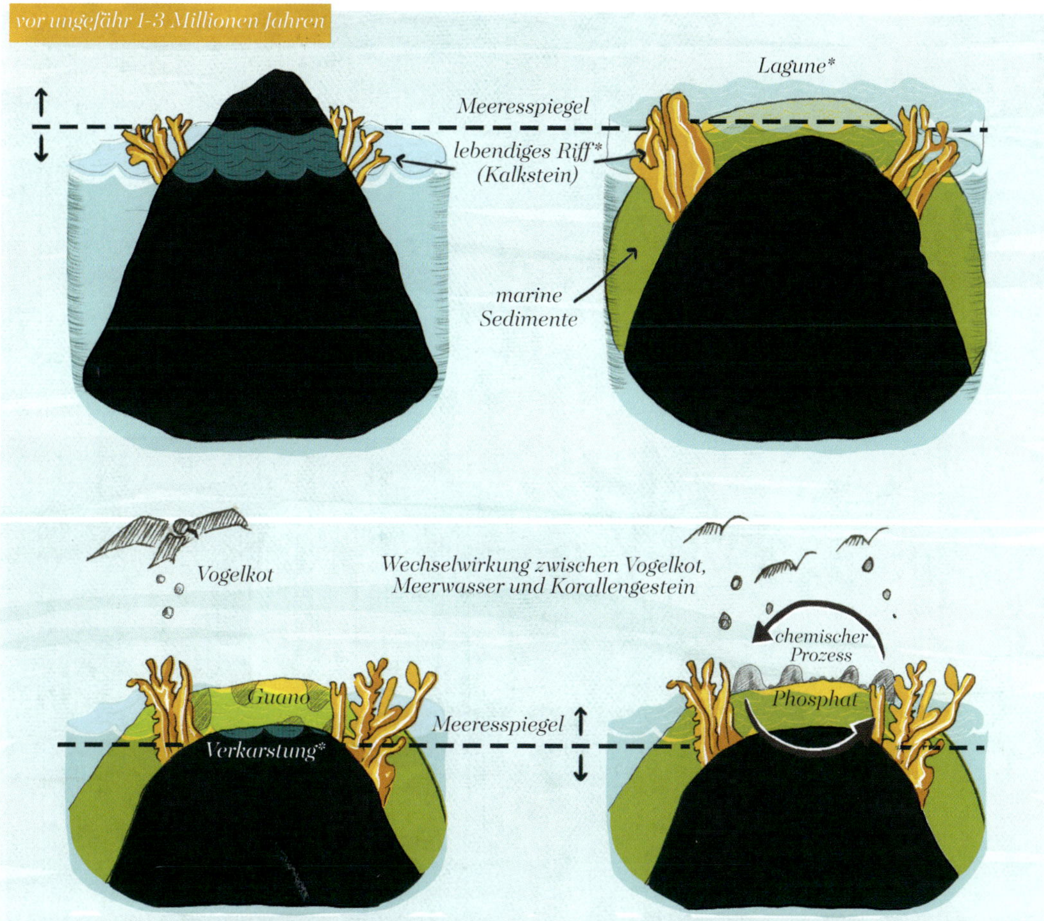

$$Ca_3(PO_4)_2 + 2\ H_2SO_4 + 4\ H_2O \rightarrow Ca(H_2PO_4)_2 + 2\ [CaSO_4 + 2\ H_2O]$$

Tricalciumphosphat plus Säure ergibt lösliches Superphosphat.
Viele Tausend Jahre später verwandelte die Agrarindustrie das Phosphat zu Dünger.

BANABA!
Mauri. Du bist bestimmt Katerina. Ich bin Alofa. Ich werde dich in den nächsten Tagen begleiten.
Mauri Alofa. Schön, dich zu treffen.

** Schraubenpalmen

Habt ihr hier auch gesundheitliche Probleme wie auf Nauru?
Nein, eigentlich nicht. Aber wir sind ja auch nicht so reich wie sie. Nauru wurde unabhängig, und die Bewohner verdienten sehr viel Geld mit dem Verkauf von Phosphat.
Von da an ernährten sie sich ausschließlich von industriell verarbeitetem Essen.
Heute leiden vier von fünf unter Diabetes* und Fettleibigkeit*.

Es gibt eine Theorie, die behauptet, dass die pazifischen Inselbewohner eine genetische Veranlagung für Fettleibigkeit haben. Ich würde aber sagen, dass der westliche Ernährungsstil Schuld ist.
Amerikanisch-Samoa
Nauru
Cookinseln
0
5
10
15
20
25
30
35
40
Body-Mass-Index* über 30
Abends im Gästehaus

NEI KATERINAAA!
KATI
MAURI
ICH HABE ETWAS FÜR DICH!

Tage später zurück auf Rabi
Kati kommt!! Holt Tearia, schnell!!!
Das habe ich dir von deiner Ururgroßmutter mitgebracht.
Was ist das?
Das ist reinstes Phosphat aus unserer Heimat.

Kleine Inseln spielten eine große Rolle bei der Ernährung der Welt.
Auch der Zucker kam ursprünglich von einer kleinen Insel,
bevor er Brasilien erreichte und das Land eroberte.

CURITIBA

HEITOR
IST FÜNF JAHRE ALT UND LEBT MIT SEINEN ELTERN IN CURITIBA, BRASILIEN.
ALLES GUTE ZUM GEBURTSTAG!
SCHÖN, DASS DU DA BIST!

LECKER!
JUCHHU, JETZT KOMMT WIEDER EIN SCHWUNG ZUCKER ...
... IN DIE ZELLE UND AB ZUR ENERGIEGEWINNUNG INS MITOCHONDRIUM*!

SONNENLICHT
KOHLENSTOFF-DIOXID* (CO_2)
SAUERSTOFF (O_2)
DA MUSS MAN ABER SCHON GENAUER UNTERSCHEIDEN! ZUCKER IST NICHT GLEICH ZUCKER. ICH BIN GLUCOSE!
WO LEBEN IST, WIRD ENERGIE BENÖTIGT. PFLANZEN NUTZEN DIE ENERGIE DER SONNE, UM AUS DEN ENERGIEARMEN AUSGANGSSTOFFEN KOHELNSTOFFDIOXID UND WASSER ENERGIEREICHE GLUCOSE AUFZUBAUEN. SIE DIENT IHNEN ALS BAU- UND BETRIEBSSTOFF.
FOTOSYNTHESE: $CO_2 + H_2O \rightarrow$ GLUCOSE + O_2
WASSER (H_2O)
TIERE VERSCHAFFEN SICH ENERGIE, INDEM SIE PFLANZEN ODER ANDERE TIERE FRESSEN.
ODER EBEN FRÜCHTE!! FRÜCHTE SIND SO BELIEBT, WEIL SIE SO SÜSS SIND. DAS KOMMT VON IHREM HOHEN ANTEIL AN FRUCTOSE.
FRUCTOSE IST ZWAR AUCH EIN EINFACHZUCKER, SCHMECKT ABER VIIIIIEL SÜSSER ALS GLUCOSE.
SACCHAROSE BESTEHT ZU GLEICHEN TEILEN AUS GLUCOSE UND FRUCTOSE. DIESE VERBINDUNG FINDET MAN ZUM BEISPIEL IN ZUCKERROHR, ZUCKERRÜBEN UND ZUCKERPALMEN.
GLUCOSE
FRUCTOSE
VERBUNDEN BILDEN WIR DIE ALS TAFELZUCKER BEKANNTE SACCHAROSE.

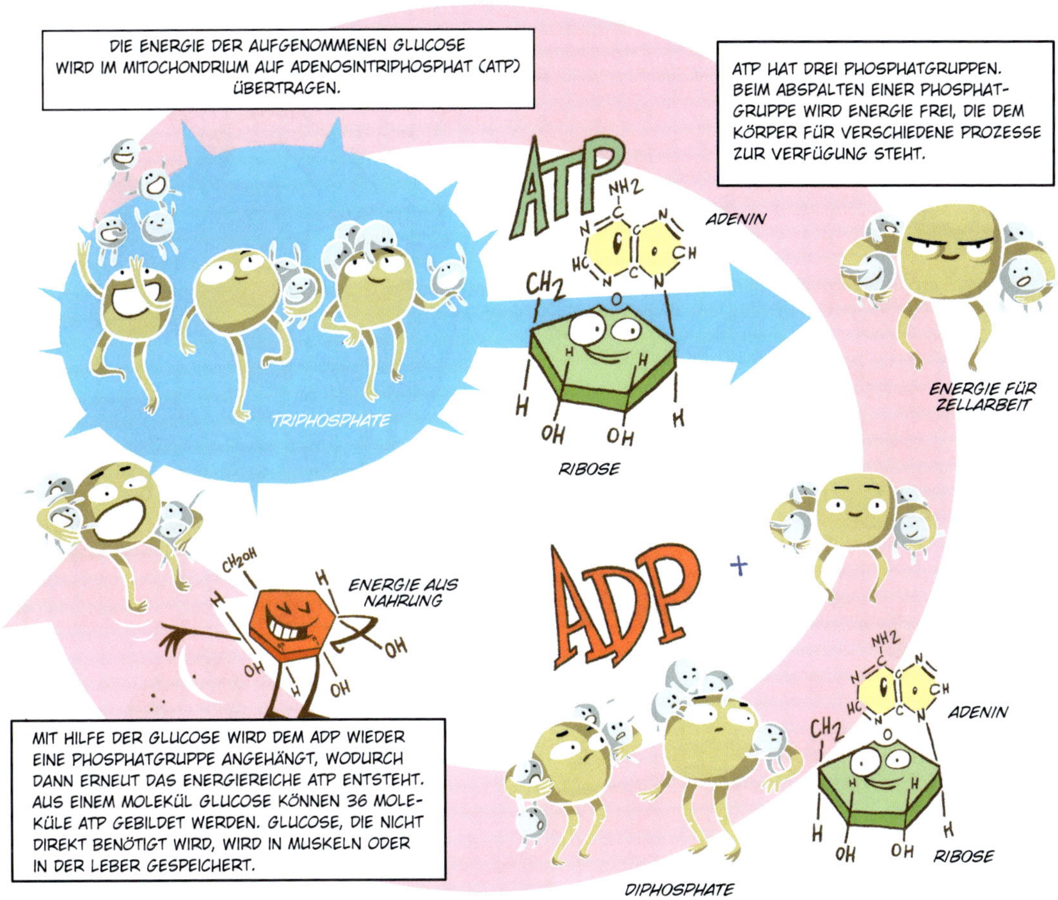

ATP LIEFERT ENERGIE FÜR

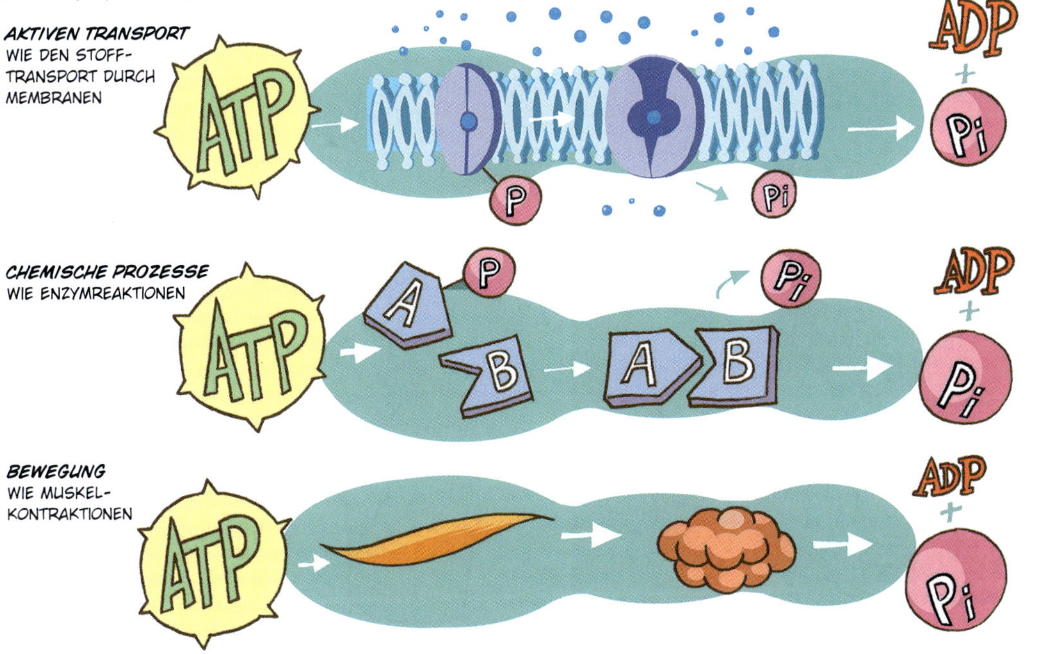

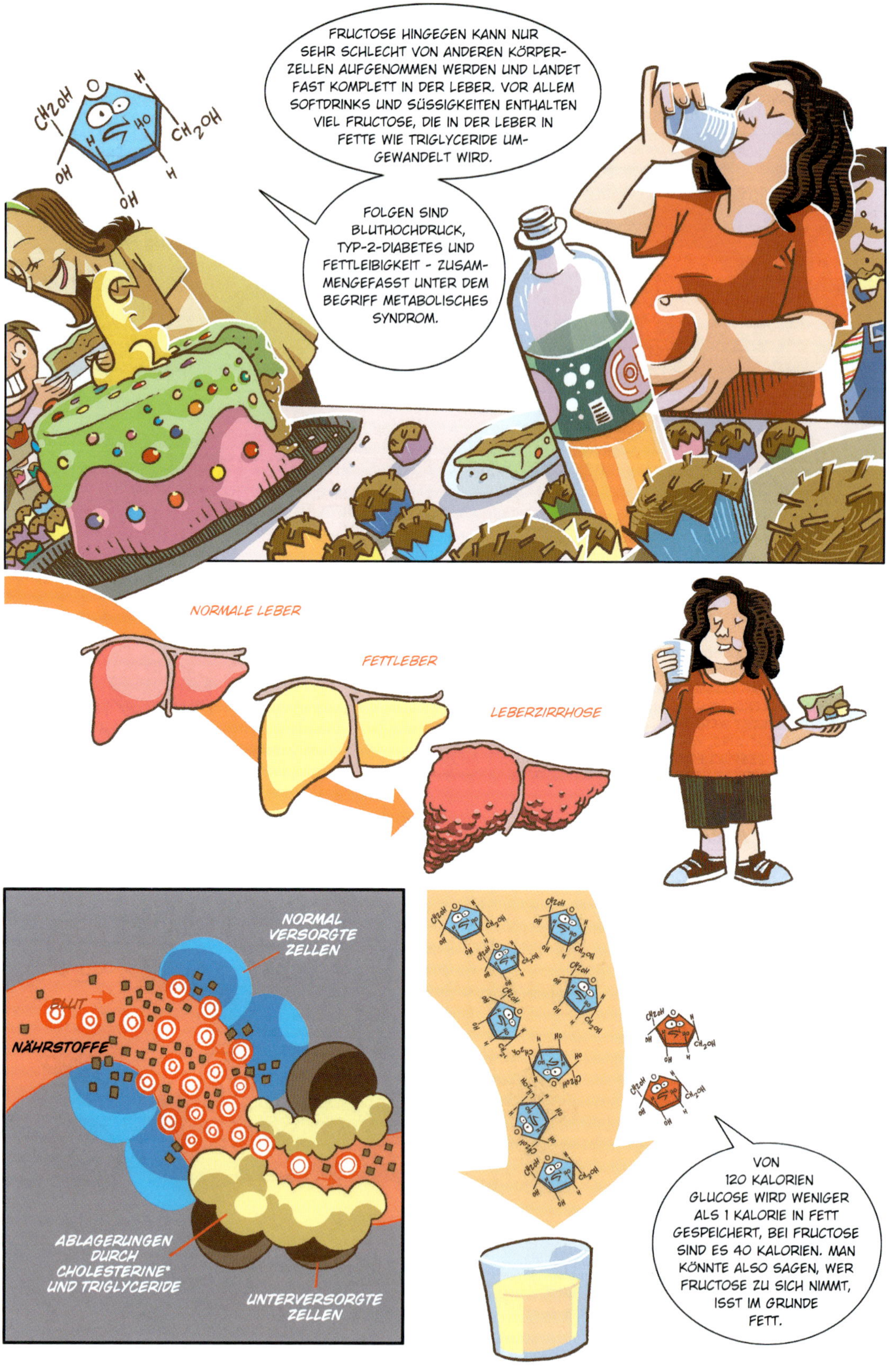

FRUCTOSE HINGEGEN KANN NUR SEHR SCHLECHT VON ANDEREN KÖRPERZELLEN AUFGENOMMEN WERDEN UND LANDET FAST KOMPLETT IN DER LEBER. VOR ALLEM SOFTDRINKS UND SÜSSIGKEITEN ENTHALTEN VIEL FRUCTOSE, DIE IN DER LEBER IN FETTE WIE TRIGLYCERIDE UMGEWANDELT WIRD.
FOLGEN SIND BLUTHOCHDRUCK, TYP-2-DIABETES UND FETTLEIBIGKEIT - ZUSAMMENGEFASST UNTER DEM BEGRIFF METABOLISCHES SYNDROM.
NORMALE LEBER
FETTLEBER
LEBERZIRRHOSE
NORMAL VERSORGTE ZELLEN
BLUT
NÄHRSTOFFE
ABLAGERUNGEN DURCH CHOLESTERINE* UND TRIGLYCERIDE
UNTERVERSORGTE ZELLEN
VON 120 KALORIEN GLUCOSE WIRD WENIGER ALS 1 KALORIE IN FETT GESPEICHERT, BEI FRUCTOSE SIND ES 40 KALORIEN. MAN KÖNNTE ALSO SAGEN, WER FRUCTOSE ZU SICH NIMMT, ISST IM GRUNDE FETT.

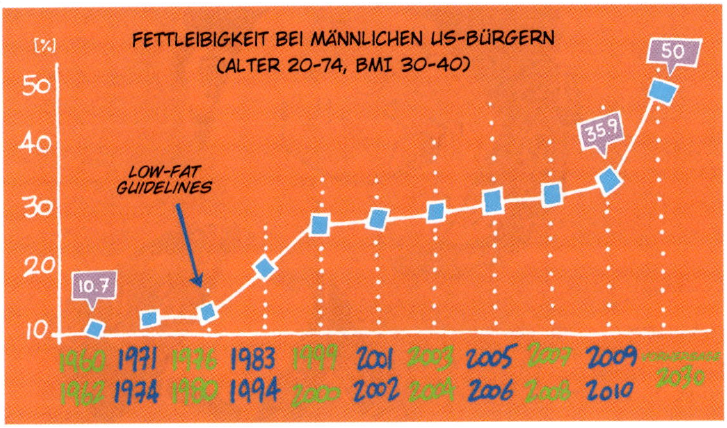
FETTLEIBIGKEIT BEI MÄNNLICHEN US-BÜRGERN
(ALTER 20-74, BMI 30-40)
[%]
50
40
30
20
10
LOW-FAT GUIDELINES
10.7
35.9
50
1960 1962
1971 1974
1976 1980
1983 1994
1999 2000
2001 2002
2003 2004
2005 2006
2007 2008
2009 2010
VORHERSAGE 2030

TATSÄCHLICH WIRD GERADE LOW-FAT-PRODUKTEN, ZUR VERMEINTLICHEN GESCHMACKSOPTIMIERUNG, EIN HOHER ANTEIL VON FRUCTOSE-GLUCOSE-SIRUP (HIGH-FRUCTOSE CORN SYRUP) BEIGEMISCHT. DIESER BESTEHT AUS 55 PROZENT FRUCTOSE UND 45 PROZENT GLUCOSE.
CH2OH
O
OH
H
CH2OH
OH
HO
CH2OH

AHHHH, DAS ERKLÄRT AUCH, WARUM WIR IMMER DICKER WERDEN, OBWOHL WIR SOOOO AUFS FETT ACHTEN!

WISST IHR AUCH, DASS FRUCTOSE EIN HORMON* NAMENS LEPTIN HEMMT.
LEPTIN IST EINER DER WICHTIGSTEN STOFFE FÜR DIE REGULIERUNG DES SÄTTIGUNGSGEFÜHLS. ES TEILT DEM GEHIRN MIT, DASS MAN GENUG GEGESSEN HAT UND ES JETZT DEN APPETIT HEMMEN SOLL.
ABER FRUCTOSE VERHINDERT DAS. DESWEGEN ISST MAN EINFACH IMMER WEITER.

NEIIIN!
GERADE IN DEN GETRÄNKEN IST SO VIEL VON DIESEM FRUCTOSE-SIRUP UND ICH DACHTE, DASS IST GUT, WEIL ES JA FRUCHTZUCKER IST!

CH_2OH
ZUCKER STIMULIERT DIESELBEN BELOHNUNGSZENTREN IM GEHIRN, DIE AUCH AUF NIKOTIN UND ALKOHOL REAGIEREN. ZUCKER IST IN DIESEM SINNE ALSO WIRKLICH EINE DROGE.
IMMER OBST, TAGEIN, TAGAUS!!
VOR ETWA 22 MILLIONEN JAHREN BEVÖLKERTEN AFFEN DIE BAUMKRONEN DES AFRIKANISCHEN REGENWALDS. SIE ERNÄHRTEN SICH HAUPTSÄCHLICH VON OBST UND BLÄTTERN.
BRRRR, IST DAS KALT! ES GIBT NICHTS MEHR ZU FRESSEN!
IM LAUFE DER JAHRMILLIONEN ÄNDERTE SICH DAS KLIMA.
IRGENDWANN WURDE ZUFÄLLIG EIN AFFE MIT EINER ERFREULICHEN MUTATION GEBOREN. SIE FÖRDERTE DIE UMWANDLUNG VON FRUCTOSE IN FETT. SO KONNTE DER AFFE VORRÄTE FÜR HARTE ZEITEN ANLEGEN.
DIESER AFFE WURDE DER STAMMVATER ALLER HEUTE LEBENDEN PRIMATEN, EINSCHLIESSLICH DES MENSCHEN. SEITDEM SIND WIR SCHARF AUF SÜSSE SACHEN!

KINDER, BERUHIGT EUCH! ES GIBT GENUG FÜR ALLE!
HIHIHI! DIE KINDER LIEBEN MEINE SÜSSIGKEITEN!
DAS SIND MEINE BERÜHMTEN
BRIGADEIROS!
SIE SIND GANZ EINFACH ZU MACHEN!
ZUTATEN FÜR CA. 40 STÜCK:
• 1 DOSE (400 G) GESÜSSTE KONDENSMILCH
• 1 EL BUTTER
• 4 EL KAKAOPULVER
• SCHOKOSTREUSEL
ZUERST KONDENSMILCH IN EINEN TOPF GIESSEN.
DANN KAKAOPULVER …
… UND BUTTER DAZUGEBEN.
10 MINUTEN BEI MITTLERER HITZE KOCHEN …
… BIS DIE MISCHUNG ANDICKT, OHNE DASS SIE ANBRENNT.
VOM HERD NEHMEN UND ABKÜHLEN LASSEN.
ZU KLEINEN BÄLLCHEN FORMEN …
… IN SCHOKO-STREUSELN WÄLZEN …
… UND IN PAPIERFÖRMCHEN LEGEN.
FERTIG!

LASS MAL FERNSEHEN!
HMMM, DIE NEUEN, SUPERTOLLEN SCHOKORIEGEL VON LOCTO!!

DIE SCHMECKEN TOTAL GENIAL! KENNST DU DIE?? DIE GIBT ES BEI UNS IM SUPERMARKT!

03 STUNDEN
05 STUNDEN
Kola
UNSERE KINDER VERBRINGEN DURCHSCHNITTLICH MEHR ZEIT VOR DEM FERNSEHER ALS IN DER SCHULE!
ÜBERGEWICHTIGE KINDER ESSEN NACH WERBEKONSUM 134 PROZENT MEHR JUNKFOOD* ALS OHNE WERBUNG.

FRÜHER KONNTEN SICH NUR DIE REICHEN UND ADELIGEN ZUCKER LEISTEN.
HEUTE WIRD SOGAR DEM MILCHPULVER NOCH ZUCKER ZUGESETZT.
ICH HABE GELESEN, DASS BEI UNS MEHR ALS DIE HÄLFTE ALLER BABIES SCHON SOFTDRINKS IN IHREN FLÄSCHCHEN HABEN!
DIE BEDEUTUNG DES ZUCKERS MERKT MAN JA SCHON AN DER SPRACHE. „DAS LEBEN VERSÜSSEN", ODER DASS MAN EINE BITTERE MEDIZIN AUF EINEM STÜCKCHEN ZUCKER GIBT.
IST DER ABER SÜÜÜSS!!
DIE ERSTEN SPUREN FÜR ZUCKERROHR FINDEN SICH IM HEUTIGEN NEUGUINEA. VON DORT VERBREITETE ES SICH LANGSAM ABER SICHER AUFS ASIATISCHE FESTLAND.
500 N.U.Z.
1000 V.U.Z.
8000 V.U.Z.
CH2OH
H
O
OH
CH2OH
OH
H
H
OH
OH
O
H
OH
CH2OH
OH
H

INDIEN, 500 N.U.Z.
DIESES GEHEIME MITTEL WIRD DICH HEILEN!
PERSIEN, 600 N.U.Z.
SO WIRD DER ZUCKER SCHÖN WEISS UND SAUBER!
ARABIEN, 800 N.U.Z.
HALTET DEN DIEB!!
MEIN MARZIPAN IST DAS ALLERBESTE!! DER KALIF WIRD BEGEISTERT SEIN!
KARIBIK, 1493 N.U.Z.
KREUZZÜGE 1.000 N.U.Z.
SCHAU, MEIN KÖNIG, WAS WIR ERBEUTET HABEN!
BEI UNS IST ES ZU KALT. BAUEN WIR HIER ZUCKERROHR AN!

AFONSO DE SOUSA, BRASILIEN, 1532
DIE WILDEN SOLLEN AUF UNSEREN ZUCKERROHR-PLANTAGEN ARBEITEN!
1550
DIE INDIANER TAUGEN NICHTS!
HOFFENTLICH KÖN-NEN DIESE AFRIKANER BESSER ARBEITEN.
BRASILIEN WIRD GRÖSSTER ZUCKER-PRODUZENT
MEHR ANGEBOT
MEHR NACHFRAGE
DIE RECHNUNG GEHT AUF! DER KÖNIG IST ZU-FRIEDEN!
18. JH. ENGLAND
IN EUROPA WIRD ZUCKER VOM LUXUSGUT ZUM GRUNDNAHRUNGSMITTEL FÜR JEDERMANN.
ZUCKERPREISE FALLEN
ACH, NEHMT NICHT SO VIEL ZUCKER! DIE ARMEN SKLAVEN!
18. JH. BRASILIEN

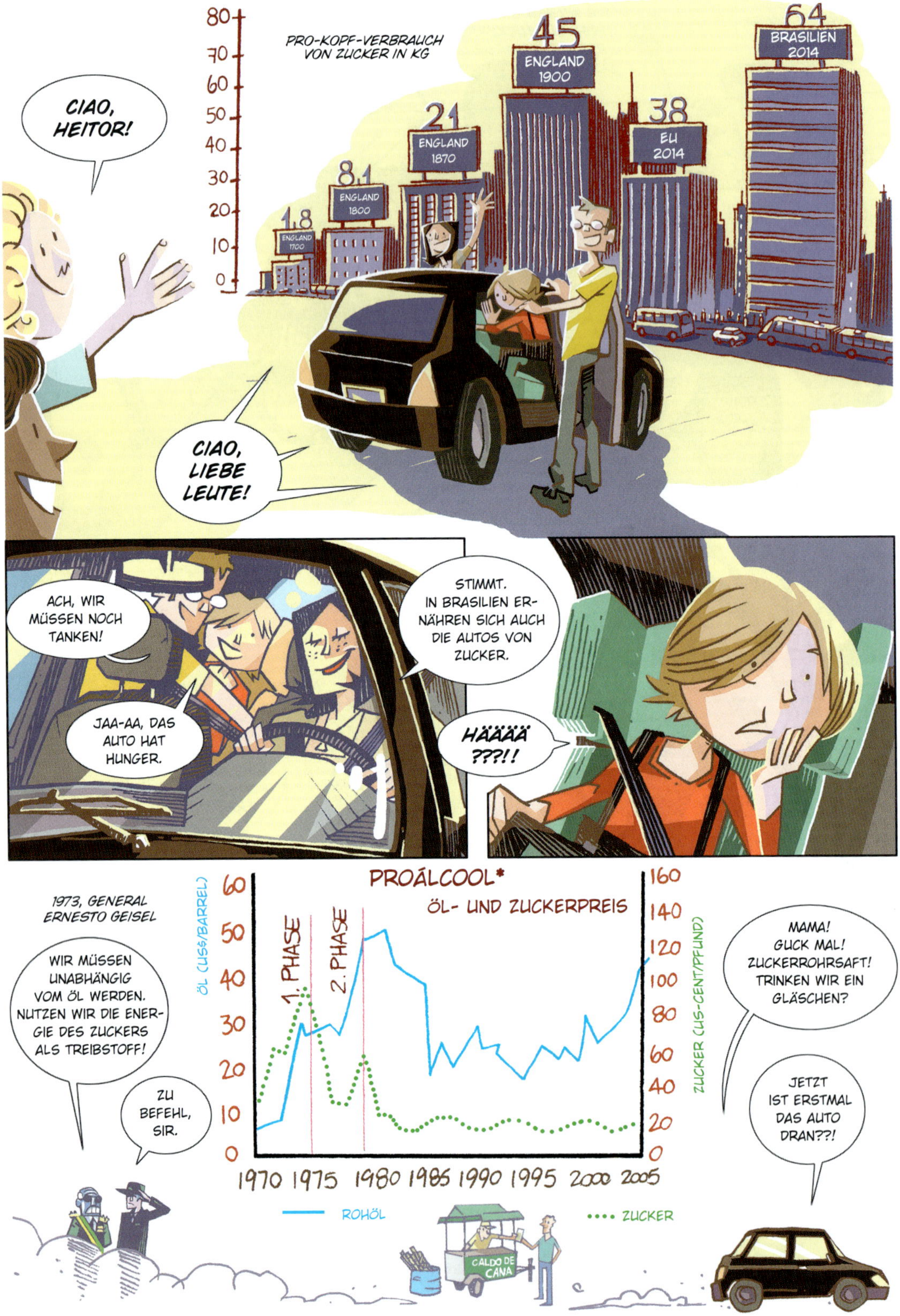
PRO-KOPF-VERBRAUCH VON ZUCKER IN KG
80
70
60
50
40
30
20
10
0
1,8 ENGLAND 1700
8,1 ENGLAND 1800
21 ENGLAND 1870
45 ENGLAND 1900
38 EU 2014
64 BRASILIEN 2014
CIAO, HEITOR!
CIAO, LIEBE LEUTE!
ACH, WIR MÜSSEN NOCH TANKEN!
JAA-AA, DAS AUTO HAT HUNGER.
STIMMT. IN BRASILIEN ERNÄHREN SICH AUCH DIE AUTOS VON ZUCKER.
HÄÄÄÄ ???!!
1973, GENERAL ERNESTO GEISEL
WIR MÜSSEN UNABHÄNGIG VOM ÖL WERDEN. NUTZEN WIR DIE ENERGIE DES ZUCKERS ALS TREIBSTOFF!
ZU BEFEHL, SIR.
PROÁLCOOL*
ÖL- UND ZUCKERPREIS
ÖL (US$/BARREL)
ZUCKER (US-CENT/PFUND)
1. PHASE
2. PHASE
0 10 20 30 40 50 60
0 20 40 60 80 100 120 140 160
1970 1975 1980 1985 1990 1995 2000 2005
ROHÖL
ZUCKER
CALDO DE CANA
MAMA! GUCK MAL! ZUCKERROHRSAFT! TRINKEN WIR EIN GLÄSCHEN?
JETZT IST ERSTMAL DAS AUTO DRAN??!

DIE HÄLFTE DES IN BRASILIEN PRODUZIERTEN ZUCKERS WIRD FÜR DIE PRODUKTION VON ETHANOL ALS KRAFTSTOFF VERWENDET. DIE NACHFRAGE STEIGT, AUCH IN ANDEREN LÄNDERN.
BRASILIEN
USA/EUROPA
LIEGT DER ETHANOL-PREIS UNTERHALB VON 70 PROZENT DES BENZINPREISES, LOHNT ES SICH, NUR ALKOHOL ZU TANKEN, DA DER VERBRAUCH BEI ETHANOL ENTSPRECHEND HÖHER IST.
TIK TIK TIK
TANKEN SIE BITTE VOLL MIT ETHANOL!
ICH WUSSTE GAR NICHT, DASS MAN ZUCKER TANKEN KANN!
ZUCKER LIEFERT ENERGIE FÜR DICH GENAUSO WIE FÜR AUTOS.
UND FÜR MICH AUCH …
DAS KANN ABER ZUM PROBLEM WERDEN. JE MEHR ZUCKERROHR FÜR BENZIN ANGEPFLANZT WIRD, DESTO WENIGER ACKERFLÄCHE BLEIBT FÜR DIE LEBENSMITTELPRODUKTION.
PRODUKTION IN BRASILIEN
800
0
IN MIO. T
ROHRZUCKER
SOJA
MAIS
1960
2013
DIE ZUCKERROHRPLANTAGEN VERDRÄNGEN DIE LANDWIRTSCHAFTLICHEN FLÄCHEN. DIESE MÜSSEN DANN IN DIE REGENWALDREGIONEN AUSWEICHEN.

KOHLENSTOFFKREISLAUF
CO_2
ES WIRD GESAGT, DASS ETHANOL CO_2-NEUTRAL SEI, ABER DAS ABBRENNEN DER BLÄTTER, DIE BEI DER MANUELLEN ERNTE STÖREN, FÜHRT ZU SEHR HOHEN KOHLENMONOXID-EMISSIONEN.
DIE REGIERUNG HAT NUN EIN GESETZ ERLASSEN, WELCHES DAS ABBRENNEN DER BLÄTTER AUF ALLEN ZUCKERROHRPLANTAGEN BIS 2021 VERBIETET.
MIT DER MECHANISIERUNG DER ERNTE KANN MAN DIE „STÖRENDEN" BLÄTTER NUN LEICHT ZUR GEWINNUNG VON BIOENERGIE NUTZEN.
NA, HABT IHR SCHON BEZAHLT? JETZT KÖNNEN WIR ZUCKERROHRSAFT TRINKEN GEHEN! HABT IHR LUST?
ICH WILL! WILL! **WILL!**

ICH WILL ABER COLAAAAA!!
WARUM KRIEGT ER KEINE COLA?
NA, WAHRSCHEINLICH WOLLEN DIE ELTERN, DASS ER MAL ETWAS GESUNDES ZU SICH NIMMT, SONST WIRD ER IMMER DICKER.
DANN NIMM EINE, ABER HÖR AUF ZU SCHREIEN, DAS KANN MAN JA NICHT AUSHALTEN!
DAS IST ABER UNGESUND! SO WIRST DU IMMER FETTER!
MIR DOCH EGAL. HEUL!
ICH GLAUBE, DER WIRD NICHT MEIN FREUND ...

Was macht Cola so beliebt? Dahinter versteckt sich ein geheimes Rezept, von dem wir in den USA eine Zutat mal genauer unter die Lupe nehmen.

LOS ANGELES

PALOMA

Paloma lebt schon lange in Los Angeles, geboren wurde sie in Brooklyn, New York.

glasses Hut
Charlie's
Gerüchten nach kennen nur zwei Leute die Zutaten für das berühmteste Erfrischungsgetränk der Welt.
Phosphorsäure gehört mit Sicherheit dazu. Sie gibt Colagetränken den spritzigen Geschmack.
Mom, ich hab Hunger.
Phosphat kommt in allen Lebensmitteln vor, vor allem in Fleisch, Fisch und Milchprodukten ...
Ich hätte Lust auf Burger!
Bitte!
... aber wenn Lebensmittel verarbeitet werden, fügt man anorganisches* Phosphat hinzu.

Einen doppelten Cheeseburger, extra viel Pommes und eine Orangenlimo bitte.
Machen Sie daraus einen einfachen Cheeseburger, kleine Pommes und ein Wasser!
Phosphate werden Lebensmitteln zur Verbesserung des Geschmacks zugesetzt.
Man nutzt sie zur Konservierung, als Emulgator*, Säuerungsmittel, Säureregulator oder als Puffersubstanz.
Phosphate werden überall in der Lebensmittelindustrie verwendet, aber in der Fleischverarbeitung sind sie unersetzlich.
Inhaltsstoffe der Würze:
Salz und Zucker für Geschmack und Konservierung
Nitrit und Nitrat garantieren eine schöne rosarote Farbe
Phosphate, Eiweiße und Hydrokolloide* erhöhen das Volumen
Antioxidantien*, wie Natriumascorbat (E301) und Natriumerythrobat (E316)
Geschmacksverstärker, wie Mononatriumglutamat (E621)
Phosphate erhöhen die Wasserbindefähigkeit von Proteinen und wirken der Totenstarre im Muskelgewebe entgegen.
Würze
Pökel-Injektor

Dinatriumdihydrogendiphosphat wird dem Brotteig als schnell wirkendes Backtriebmittel beigemengt.

Phosphorsäure verbessert den Geschmack fettarmer Mayonnaise und macht sie geschmeidig.

100 g Blattsalat enthalten ca. 30 mg natürlichen Phosphor, ...

... 100 g Zwiebeln sogar ca. 37 mg ...

... und 100 g eingelegte Gurken immerhin 27 mg.

Selbst jeder Esslöffel Senf hat ca. 16 mg natürlichen Phosphor.

Light Ketchup beinhaltet meistens Phosphorsäure als Emulgator.

Di-, Tri- und Tetranatriumphosphate werden in Scheiblettenkäse als Antioxidantien und zur Regulierung des Säuregehalts verwendet; Polyphosphate kommen als Emulgatoren und Stabilisatoren zum Einsatz.

Natriumphosphate und Nitrate konservieren das Fleisch und halten es in Form.

Phosphat ist aber nur eins von vielen Hilfsmitteln in der Fastfood-Industrie.
Das Erfolgsrezept
ZUCKER + FETT + SALZ + ZUSATZSTOFFE = BILLIGES ESSEN MIT SUCHTPOTENZIAL
Verkauf das Produkt so billig wie möglich, verpasse ihm ein cooles Aussehen, mache eine raffinierte Marketingkampagne und der Rubel rollt!
MAYONNAISE
HOT SAUC
RELIS
SWEET

Einflussfaktoren auf das Essverhalten
Wirtschaftl. / gesellschaftl. Faktoren
• Vermögen
• Einkommen
• gesellschaftliche Benachteiligung/ Diskriminierung
Psychosoziale Faktoren:
• Wissen
• Selbsteffizienz, -kontrolle, und -beobachtung
• Ernährungsbewusstsein
Soziokulturelle Faktoren:
• soziale Normen / Sozialisation von Ernährungsmustern
• Netzwerke, Unterstützung
Soziodemografische Faktoren:
• Alter
• Geschlecht
Essgewohnheiten
Die Konsumenten sind ständigen Versuchungen ausgesetzt und können diesen nur schwer widerstehen.
Wer arm ist, kann sich gesunde Ernährung kaum leisten.
Es ist nicht leicht, sich nachhaltig zu ernähren!
Bluthochdruck
hoher Cholesterinspiegel
Fettleibigkeit
Herz-Kreislauf-Probleme
Sooo billig und sooo gut!
Diabetes

Wie unser Körper Nahrung verarbeitet

Du hattest schon genug Junkfood!
Aber das Popcorn schmeckt hier am besten!
Junkfood ist meist billig und bequem, gesundes Essen hingegen oft teuer und aufwendig in der Zubereitung.
Amerikaner haben heute mehr Möglichkeiten gesund zu leben als jemals zuvor.
DU HAST DEINE OPTIMALE HERZFREQUENZ ERREICHT.
Bitte, Mom? Biiiiiiiittttteeee!
Ich habe mich bei der Gemüsekiste angemeldet.
Da bekommst du erntefrisches Obst und Gemüse bis an die Wohnungstür geliefert!
Essen ist total ineffizient! Ich hole mir alle Nährstoffe von Soylent*.
Seufz

Mit der ketogenen Diät* nimmst du ab, ohne dabei an Muskelmasse zu verlieren.
Zu viel Fett für mich.
Ich entgifte gerade.
MUSCLE BEACH
regelmäßiges Personal Training: $ 60 / Stunde
Hightech-Marken-Sport-BH: $ 64,99
Sportuhr mit Activity-Tracker: $ 399
personalisierte Smart-Sneakers mit integriertem Schrittzähler: $ 450
Schweiß ableitende Kompressionslaufhose Powerspeed: $ 110

Ich steh' ja auf Superfoods*, um in Form zu bleiben.
Wie Quinoa - kalorienarm, entzündungshemmend und reich an Phosphor und Magnesium.
Wir haben eine Kochgruppe gegründet, magst nicht mitmachen?
Gerne! Solange es nicht mit meiner Bewusst-Essen-Fortbildung kollidiert.
Hast du Lust am Wochenende zum Grillen zu kommen? Es gibt Fleisch von Weiderindern.
Danke, aber gegrilltes Fleisch ist krebserregend. Ich mache gerade eine Rohkostdiät.

Ich züchte jetzt eigene Hybride.
Neulich habe ich Grünkohl mit roter Beete gekreuzt.
Wir sollten das auf molekularer Ebene versuchen. Ich habe mir gerade eine Biohacking*-Laborausrüstung gekauft.
Nur damit Sie es wissen, ich vertrage kein Histamin*, habe eine Lactoseintoleranz* und eine Glutenunverträglichkeit*.
Haben Sie auch Fermentiertes*?
Meine Frau und ich legen gerade einen Dachgarten an.
Es ist Wahnsinn, was man alles auf so kleinem Raum anbauen kann.
Vegane Tacos:
Grünkohl & „Schwein"
Blumenkohl & „Rind"
Rote Beete & „Lamm"
Wenn Du das schon effizient findest, solltest du mal Hydroponik* ausprobieren!
Bei so vielen Ernährungstrends kann man sich kaum entscheiden!

Leider können nicht alle auf diese gesunden Alternativen zugreifen.
SHED
Kettle corn
Weitergehen, Kiddo!
Gesundes Essen ist zu teuer. Manchmal kostet sogar ein Apfel mehr als ein Hot Dog!
Bei mir gibt es nicht einmal einen Supermarkt in der Nähe – nur Fastfood-Läden!
USA
Dad, kann ich eine Limo haben? Nur ein Dollar!

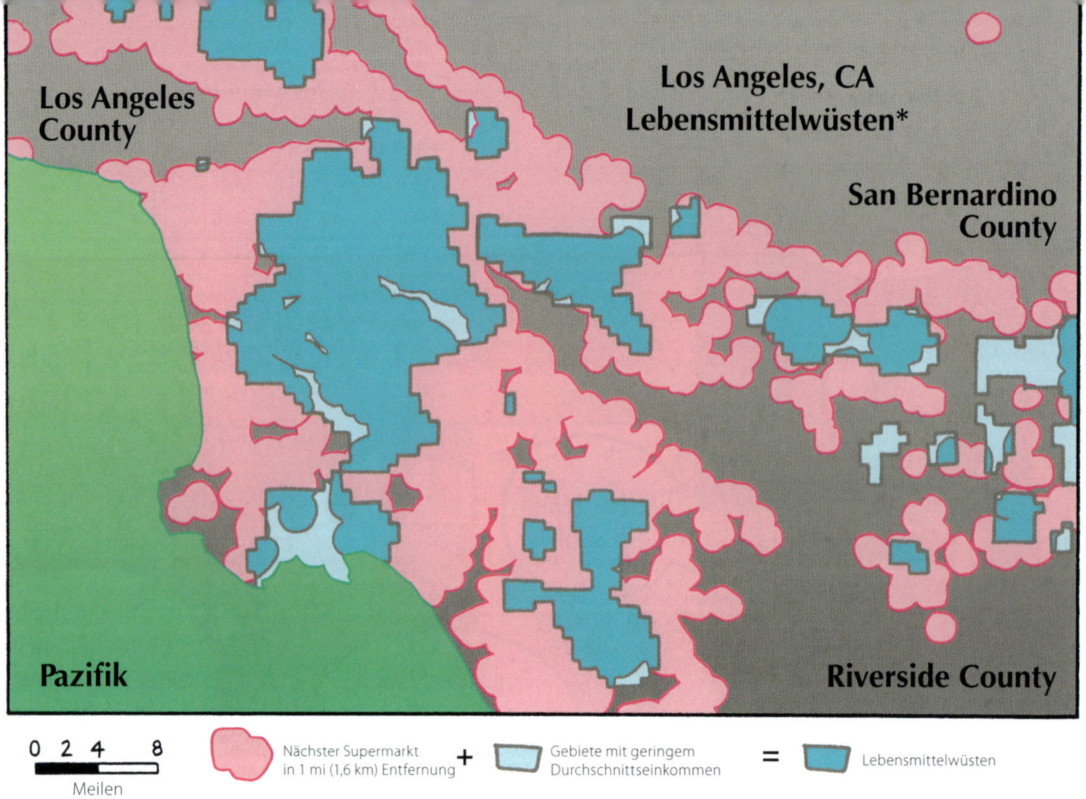
Los Angeles County
Los Angeles, CA
Lebensmittelwüsten*
San Bernardino County
Pazifik
Riverside County
0 2 4 8
Meilen
Nächster Supermarkt in 1 mi (1,6 km) Entfernung
+
Gebiete mit geringem Durchschnittseinkommen
=
Lebensmittelwüsten

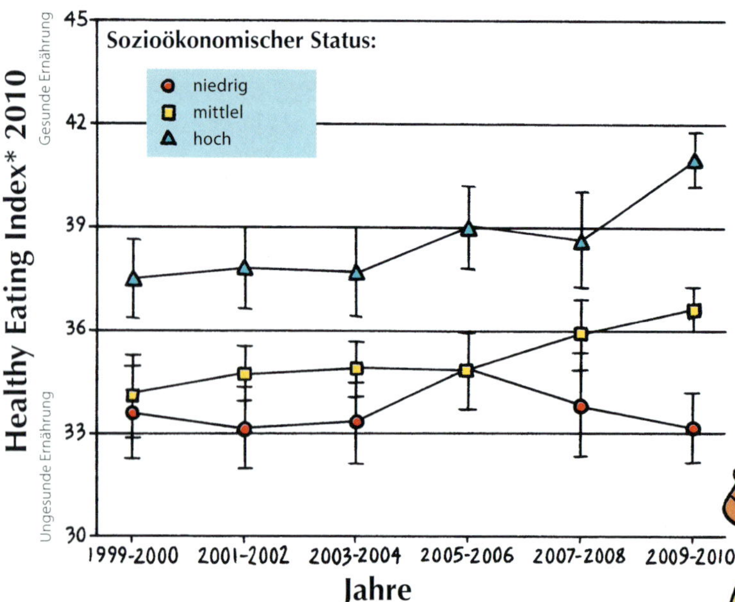
Healthy Eating Index* 2010
Gesunde Ernährung
Ungesunde Ernährung
45
42
39
36
33
30
Sozioökonomischer Status:
niedrig
mittlel
hoch
1999-2000
2001-2002
2003-2004
2005-2006
2007-2008
2009-2010
Jahre

In Amerika leben nur die Leute gesund, die es sich auch leisten können!
USA

Billiges, geschmacksoptimiertes Junkfood in Verbindung mit dem Fehlen von gesunden, bezahlbaren Alternativen verhindert, dass sich ärmere Menschen gut ernähren können.
Auch, wenn sie es möchten.
Wie wär's mit einem Smoothie? Die sind doch gesund!
Schon viel besser.
SMOOTHIES:
antioxidant berry blast
skim cleanser
banana special
wheatgrass detox
Hoffentlich ändert sich das bald.
"Unser Ziel ist ambitioniert. Wir wollen alle Lebensmittelwüsten innerhalb der nächsten sieben Jahre beseitigen."
Michelle Obama, 2010

Palomas Lieblings-Smoothie

Nährstoff / Menge / Tag	Körperfunktion
Kohlenhydrate / 330 g	Hauptenergiequelle
Proteine / 100 g	wichtiger Baustein für Muskeln, Sehnen und Bänder
Fett / 75 g	Energiespeicher, Zellsynthese und -reparatur
Wasser / 2 Liter	Löse- und Transportmedium und Temperaturregulierung
Vitamine und Mineralien / Angaben variieren	unersetzlich für eine Vielzahl von Abläufen wie das Sehvermögen, Immunsystem, Metabolismus etc.
Ballaststoffe / 30-40 g	Unterstützung einer gesunden Darmflora
sekundäre pflanzliche Stoffwechselprodukte	ungefähr 100.000 Substanzen mit unterschiedlichen physiologischen Wirkungen

Phosphor im Körper

Zucker und Phosphat bilden das Rückgrat der DNA.

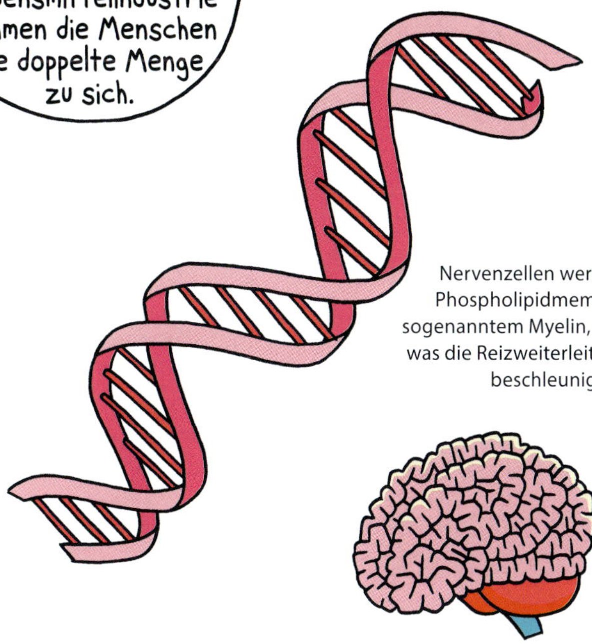

Die Leber speichert riesige Mengen Zucker, dessen Energie in Adenosintriphosphat (ATP) gespeichert wird.

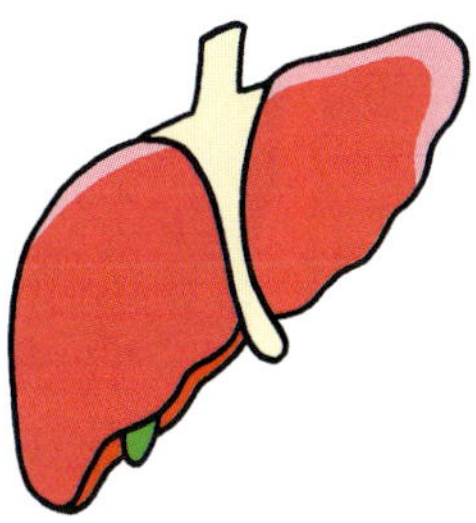

Nervenzellen werden mit Phospholipidmembranen, sogenanntem Myelin, ummantelt, was die Reizweiterleitung enorm beschleunigt.

Muskeln beziehen ihre Energie aus ATP. Knochen und Zähne werden aus Apatit gebildet – einem Verbundstoff aus Calcium und Phosphat.

Oft ist unklar, woher unser Essen kommt. Die Herstellung unserer Nahrungsmittel ist zu einem komplexen globalen Vorgang geworden. Ob Alfred in Norwegen mehr weiß?

GRUNNFARNES

Alfred

ALFRED LEBT IN GRUNNFARNES, EINEM DORF
AN EINEM FJORD HOCH OBEN IM NORDEN NORWEGENS.

** ein Gericht mit dem Fisch Lumb (*Brosme brosme*)

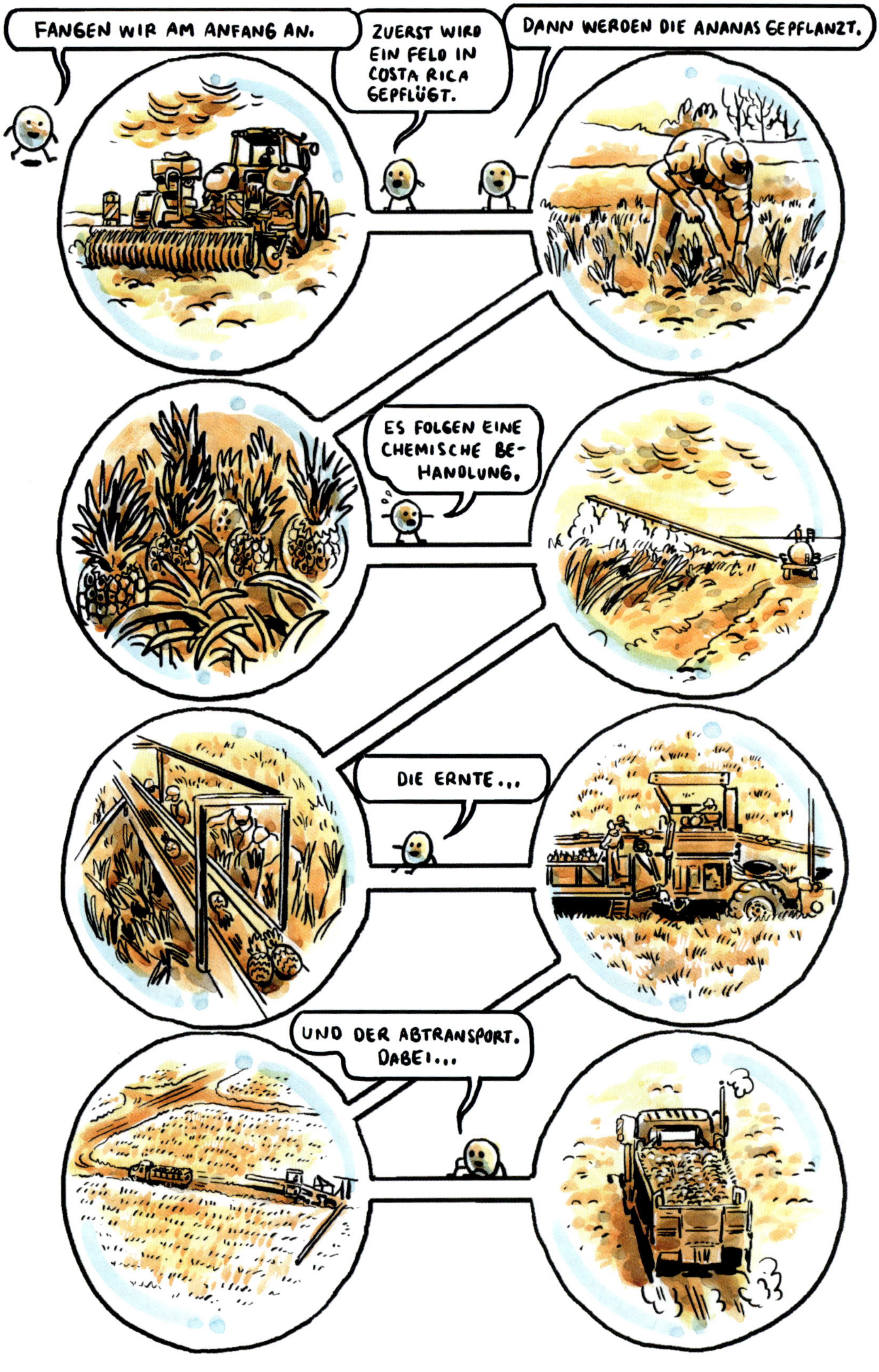
FANGEN WIR AM ANFANG AN.
ZUERST WIRD EIN FELD IN COSTA RICA GEPFLÜGT.
DANN WERDEN DIE ANANAS GEPFLANZT.
ES FOLGEN EINE CHEMISCHE BE-HANDLUNG,
DIE ERNTE...
UND DER ABTRANSPORT. DABEI...

... FÄLLT SCHON MAL DIE EINE ODER ANDERE FRUCHT HERUNTER. EIN DRITTEL ALLER WELTWEIT PRODUZIERTEN NAHRUNGSMITTEL GEHT VERLOREN ODER WIRD ANDERWEITIG VERGEUDET. IN DEN ENTWICKLUNGSLÄNDERN GEHT DER VERLUST MEIST AUF DAS KONTO SCHLECHTER LAGERBEDINGUNGEN, FEHLENDER KÜHLMÖGLICHKEITEN, MANGELNDER VERARBEITUNG UND MANGELNDEM ZUGANG ZU DEN GLOBALEN MÄRKTEN.
WENN DIE ANANAS IN DER FABRIK ANKOMMEN...
... WERDEN SIE GEWASCHEN.
UND IN DIE SCHÄLMASCHINE BEFÖRDERT.
SEHR PRAKTISCH!
ENDEN ABSCHNEIDEN ...
...UND KONTROLLIEREN, DAMIT NIX FALSCH LÄUFT.

DANN WERDEN DIE ANANAS IN SCHEIBEN GESCHNITTEN,
VON HAND IN DIE KONSERVENDOSEN GEFÜLLT...
UND FLÜSSIG-KEIT DAZUGE-GEBEN.
VERSCHWEISSEN...
UND AB DAMIT INS LAGER.
LASTWAGEN BRINGEN DIE DOSEN ZUM HAFEN MOIN.
SUNRISE PINEAPPLES
DORT LAGERN SIE, BIS SIE...
SUNRISE

MOMENT MAL, UND DIE DOSEN, WO KOMMEN DIE DENN HER?
DAZU BRAUCHT MAN ERST EINMAL EISEN. DAS KOMMT MEISTENS AUS BRASILIEN...
...WIRD NACH CHINA VERSCHIFFT
UND DORT ZU WEISSBLECH* VERARBEITET.
DARAUS STELLT MAN DANN DIE DOSEN HER UND
SCHICKT SIE WELTWEIT AN DIE AB- NEHMER.
FORMEN DES DOSEN- KÖRPERS
WASCHEN UND BESCHICHTEN
RILLEN GEBEN STABILITÄT
DECKEL UND BÖDEN BRAUCHT MAN AUCH NOCH...
VON DENEN BEZIEHT DIE ANANAS- FABRIK IHRE DOSEN.
DIE DOSEN HABEN BEI IHRER ANKUNFT SCHON DIE HALBE WELT BEFAHREN.
WAS DAS ENER- GIE BRAUCHT!
WIE GEHT'S NUN WEITER MIT DER ANANASVERAR- BEITUNG?

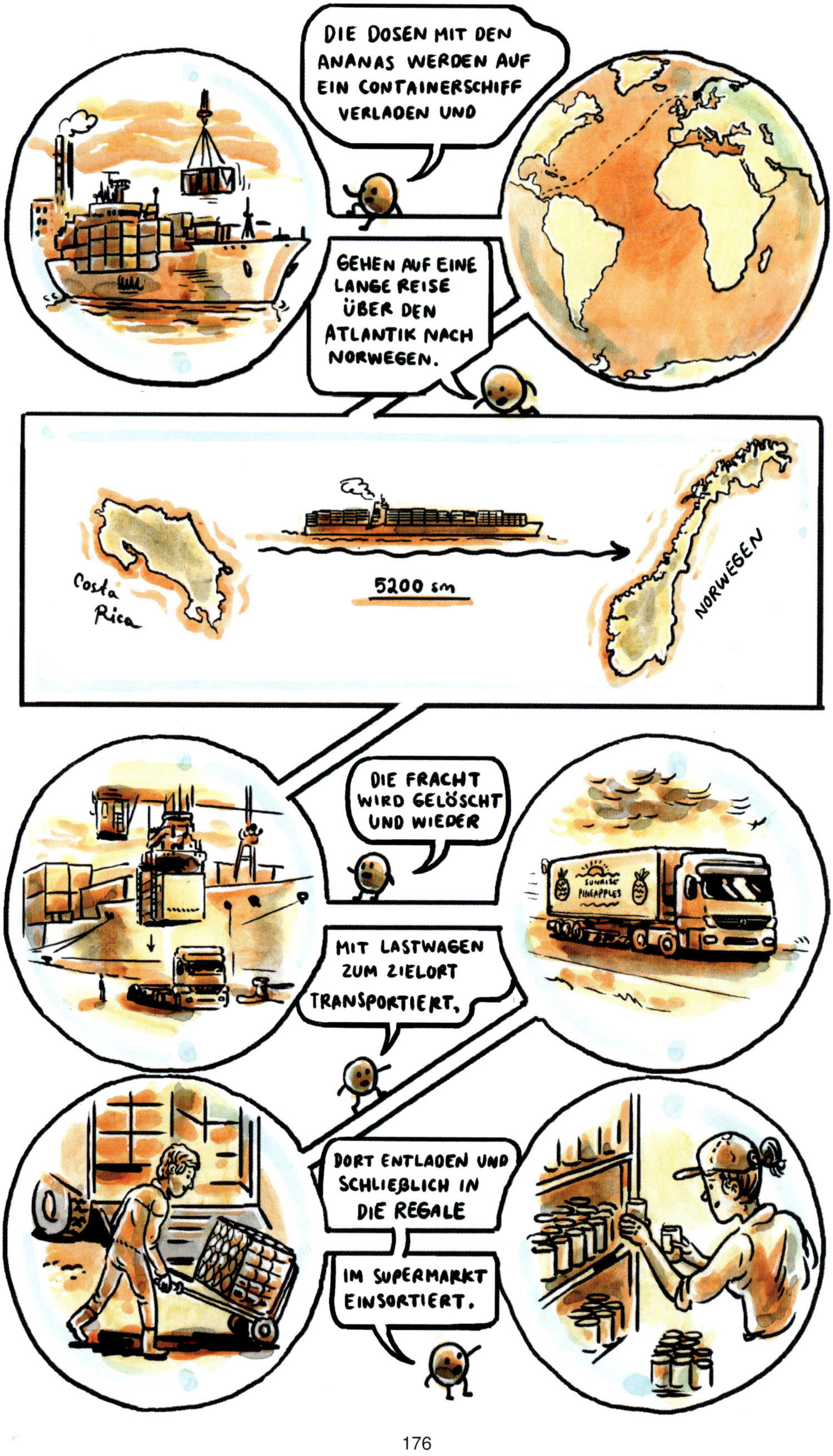
DIE DOSEN MIT DEN ANANAS WERDEN AUF EIN CONTAINERSCHIFF VERLADEN UND
GEHEN AUF EINE LANGE REISE ÜBER DEN ATLANTIK NACH NORWEGEN.
Costa Rica
5200 sm
NORWEGEN
DIE FRACHT WIRD GELÖSCHT UND WIEDER
MIT LASTWAGEN ZUM ZIELORT TRANSPORTIERT,
SUNRISE PINEAPPLES
DORT ENTLADEN UND SCHLIEẞLICH IN DIE REGALE
IM SUPERMARKT EINSORTIERT.

WIE KANN DAS SO BILLIG SEIN, WENN DIE PRODUKTION SO AUFWENDIG IST?
SONDER-ANGEBOT
DAS GEFÄLLT MIR EIGENTLICH NICHT. ICH LASS DAS ERST MAL...
SONDER-ANGEBOT
...UND KONZENTRIERE MICH AUF DAS WESENTLICHE.
HEY!
BITTE NICHT NEHMEN!
Brosme
?!?
ES TUT MIR LEID, ALFRED, ABER DIE KÜHLUNG IST AUS-GEFALLEN UND DER FISCH IST SCHON ANGETAUT. ICH DARF IHN DIR NICHT MEHR VERKAUFEN!

IN DEN INDUSTRIELÄNDERN GEHEN DIE MEISTEN LEBENSMITTEL IM EINZELHANDEL UND IN DEN HAUSHALTEN VERLOREN, EINFACH WEIL SEHR VIEL WEGGEWORFEN WIRD – FAST DOPPELT SO VIEL WIE IN DEN SICH ENTWICKELNDEN LÄNDERN. DAFÜR IST DER VERLUST BEI LAGERUNG UND TRANSPORT GERINGER.
1/3
JEDES JAHR VERSCHWENDEN WIR EIN DRITTEL DER GESAMTEN LEBENSMITTELPRODUKTION.
GENUTZTE LEBENSMITTEL
VERLUST IN AGRARPRODUKTION
NACH DER ERNTE UND BEI LAGERUNG
BEI VERARBEITUNG UND VERPACKUNG
BEIM VERTRIEB
UND BEIM KONSUM
VERLUST
ABFALL

... WENN WIR DIE LEBENSMITTELSICHERHEIT EINER WACHSENDEN WELTBEVÖLKERUNG IN ZUKUNFT GEWÄHRLEISTEN WOLLEN, MÜSSEN WIR NICHT NUR MEHR PRODUZIEREN, SONDERN VOR ALLEM DEN VERLUST VON LEBENSMITTELN REDUZIEREN.
STIMMT! WAHRSCHEINLICH IST ES BESSER, SICH WIEDER AUF SEINE WURZELN ZU BESINNEN.

ZUM GLÜCK ARBEITET MEIN SOHN AM HAFEN.
JØRGEN!
OH, HEY PA!
KAM HEUTE AUCH LUMB REIN? ICH ÜBERLEGE, OB ICH MIR HEUTE ABEND EINEN SCHÖNEN BROSMEHODER MACHE.
NEIN, TUT MIR LEID, DIE EINZIGEN KÖPFE, DIE ICH ZUM TROCKNEN DA HABE, SIND DIESE DORSCHE HIER, UND DIE GEHEN NACH NIGERIA.
ACH, NEIN, DORSCH PASST NICHT. HEUTE SCHEINT WIRKLICH NICHT MEIN TAG ZU SEIN!

** Name einer kleinen Insel im Fjord

** Seelachs (*Pollachius virens*)

HEIA FAR!
OH HALLO, LEIF-ARNE!
WAS TREIBT DICH HEUTE UM?
ICH BIN AUF DEM WEG NACH HAUSE. WILL MIR GLEICH BROSMEHODER MACHEN.
WÜRG!
KOMM' DOCH NACHHER ZUM ESSEN VORBEI.
FÜR BROSMEHODER?! NIEMALS! UND AUßERDEM HABE ICH MIR GERADE EINE PIZZA IN DEN OFEN GESCHOBEN.
ABER ZUM NACHTISCH KOMME ICH RÜBER!
HAHA, DAS GLAUBE ICH GERN. NA DANN BIS GLEICH.

ALS ICH JUNG WAR, HABEN WIR GEGESSEN, WAS UNS DIE NATUR GEGEBEN HAT.
AUS DEM GARTEN UND DEM MEER.

HIER EIN PAAR BEISPIELE, WAS ALFRED FRÜHER GEGESSEN HAT – BESTIMMT KEINE FERTIGPIZZA!
IM GARTEN HABEN WIR ANGEBAUT, WAS BEI UNSEREM KLIMA HALT SO WÄCHST.
AHHH, UND WIR SIND JAGEN GEWESEN! DAS WAREN ZEITEN, GROßARTIG!
Alfred
Erdbeeren
Karotten
Kartoffeln
Gans
Hähnchen
Alle möglichen Fische
Schwein
Schaf
Ziege
Wal

So bereitest du Brosmehoder zu

ZUTATEN:

2-3 LUMB-KÖPFE
2-3 LUMB-LEBERN
EINE HANDVOLL GROBES SALZ
2-3 LITER WASSER
1 GROB GESCHNITTENE ZWIEBEL

ZUBEREITUNG:

1) ERST DIE KIEMEN ENTFERNEN. DANN SETZT DU INNEN EINEN SCHNITT UND NIMMST DIE AUGEN RAUS.
2) GUT MIT KALTEM WASSER ABWASCHEN.
3) WASSER MIT DEM SALZ ZUM KOCHEN BRINGEN UND DIE KÖPFE DAZUGEBEN.
4) DEN TOPF VON DER FLAMME NEHMEN UND ZUGEDECKT 10-12 MINUTEN ZIEHEN LASSEN.

5) DANN DIE KÖPFE HERAUSNEHMEN UND DAS WASSER ERNEUT ZUM KOCHEN BRINGEN.
6) DIE LEBER VON IHRER HAUT BEFREIEN UND IN KLEINE STÜCKE SCHNEIDEN.
7) LEBER INS KOCHENDE WASSER GEBEN.
8) 10-12 MINUTEN KOCHEN.
9) ZUSAMMEN MIT DER ZWIEBEL SERVIEREN.

WUNDERBAR! WAS WILL MAN MEHR?
BZZ..

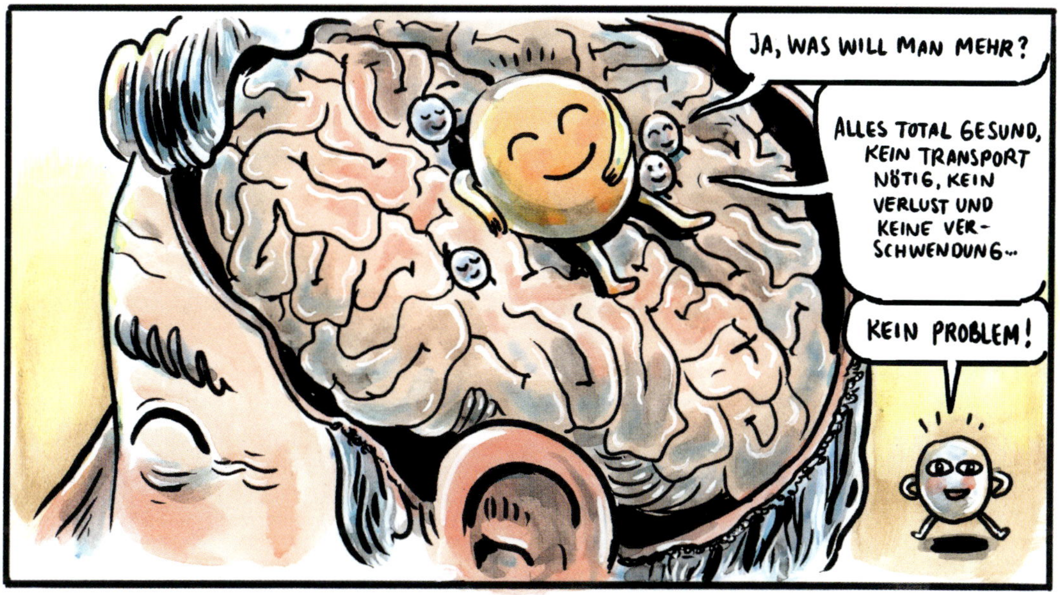
JA, WAS WILL MAN MEHR?
ALLES TOTAL GESUND, KEIN TRANSPORT NÖTIG, KEIN VERLUST UND KEINE VER-SCHWENDUNG...
KEIN PROBLEM!

In Deutschland hat Sophie nicht so sehr mit äußeren Umständen zu kämpfen wie Alfred in Norwegen, sondern mit Akzeptanz – denn ihr Rezept ist schon etwas speziell.

BERLIN

SOPHIE

Sophie lebt mit ihrem Mann Samuel in Berlin. Beide studieren Biologie an der Freien Universität, wo der Imker François arbeitet.

Zoologisches Institut der Freien Universität Berlin
Ah ja, die sind fertig und können raus.
Die Drohnenlarven sind noch drin – genauso, wie Sophie es wollte.
Ich wüsste zu gern, was sie damit vorhat.

In der Küche des Instituts
Hallo Sophie, hier sind deine Drohnenlarven.
Toll, danke!
Sag mal, wozu brauchst du die eigentlich?
Wir backen für die Lange Nacht der Wissenschaften...
...einen Drohnenbienenstich!
Igitt – das ist ja ekelig!
Warum denn das?! Wir wollen zeigen, dass wir in den Industrieländern über unsere Verhältnisse leben, hauptsächlich wegen des zu hohen Fleischkonsums.
Also ... wenn das hier der Pro-Kopf-Fleisch-Verbrauch 1999 ist, dann entspräche der Eimer hier dem Verbrauch, wie er für 2050 erwartet wird.
37kg
52kg

Naja klar, immer mehr Leute auf der Welt wollen Fleisch essen, das kann ich gut nachvollziehen.
Aber das ist ein Problem, denn die Produktion von Fleisch verbraucht zu viele Ressourcen.
Und außerdem ist so viel Fleisch auch gar nicht gesund. Gerade wir Deutschen essen viel mehr, als von der Gesundheitsbehörde empfohlen wird. Durchschnittlich essen wir in einem Leben ...
37 Enten
12 Gänse
46 Schweine
945 Hühner
4 Rinder
Und die Franzosen?
Keine Ahnung, aber weltweit ist die Tendenz sogar steigend. Jetzt fahren wir erst mal auf einen Bauernhof, vielleicht können wir dann später mehr dazu sagen.

Tschüss!
Puuh, endlich mal raus aus der Stadt!
Yep!
Berlin
So wie François reagieren viele Leute. Den meisten ist der Zusammenhang zwischen Produktion und fertigem Produkt gar nicht mehr klar.
Wusstest du zum Beispiel, dass Deutschland 25 Millionen Hektar landwirtschaftliche Nutzfläche braucht, wovon …
… ein riesengroßer Teil für Futtermittel …
14 Mio. Hektar
… und nur ein kleiner Rest für pflanzliche Lebensmittel verwendet wird?
5,5 Mio. Hektar

Aber Deutschland hat gar nicht so viel Nutzfläche!!
DEUTSCH-LAND
ANADA
USA
BRASILIEN
UKRAINE
SRI LANKA
INDIEN
KENIA
SÜDAFRIKA
Deshalb importieren wir oft sogar genmanipulierte Futtermittel aus anderen Ländern wie Brasilien oder Argentinien.
Und dort wird für uns der Regenwald abgeholzt. Das hat Folgen für das gesamte Ökosystem!
CO_2 Freisetzung
Ablaufendes Regenwasser

Das kommt daher! Gülle stinkt aber nicht nur, sondern zählt neben den Rülpsern von Kühen und dem Reisanbau zu den größten Emissionsquellen von Treibhausgasen in der Landwirtschaft. Außerdem vergiftet sie Flüsse und Grundwasser.

** Als Treibhausgase sind CH_4 (Methan) 28-mal und N_2O (Lachgas) 265-mal wirksamer als CO_2

Pflanzen können ja nur eine bestimmte Menge Dünger aufnehmen. Deshalb müssen Bundesländer mit vorwiegender Massentierhaltung ihren Gülleüberschuss irgendwie loskriegen. In Deutschland wird die Verteilung per Gesetz genau geregelt.
Frische Gülle!
Na, darf's ein bisschen mehr sein?
Ooch danke, lieber nicht.
Nicht so bescheiden. Geht doch auf's Haus!
An einer Rückgewinnung des Phosphors aus der Gülle wird mit Hochdruck geforscht, aber bislang gibt es noch keine brauchbare Lösung.
Bis zu 90 Prozent des Phosphors können aus Gülle zurückgewonnen werden!
In Zukunft soll Phosphor dann exakt dosiert und eine Überdüngung der Felder vermieden werden.
Yep!
So schaut's aus.

Auf dem Bauernhof

Die EU fördert verstärkt industrielle Landwirtschaft. Zuschüsse werden nach Größe berechnet. Kleinere Höfe sind gar nicht mehr rentabel.
Das heißt, wer mehr Land hat, kriegt auch mehr Geld?
Richtig! In Deutschland heißt die Devise: Wachse oder weiche! Und das betrifft auch die Viehzucht.
Immer weniger Bauern halten immer mehr Vieh und ernähren immer mehr Menschen.
1950
2,4 Millionen Bauern halten 12 Millionen Schweine.
2015
25.300 Bauern halten 28,1 Millionen Schweine.
1 Bauer ernährt 10 Menschen.
1 Bauer ernährt 145 Menschen.

Viele Verbraucher schauen nur auf den Preis und fördern damit die Entwicklung von reinen Mastbetrieben.

Na, wenn es auch so billig angeboten wird! Investoren planen riesige Mastbetriebe, die Regierung genehmigt, obwohl auch Leute dagegen demonstrieren. Aber die Lobby ist stärker und drückt ihre Pläne durch.

Wir sollten eigentlich schlauer sein, denn ...
... zu DDR-Zeiten wurden hier 140.000 Schweine gemästet. Danach war die Gegend total verseucht und musste rekultiviert werden.
So etwas darf nicht noch mal passieren!

** noch keine Daten vorhanden. Insekten benötigen nur wenig Futtermittel. Daher wird angenommen, dass der Wasserverbrauch niedrig ist.

Zurück im Institut

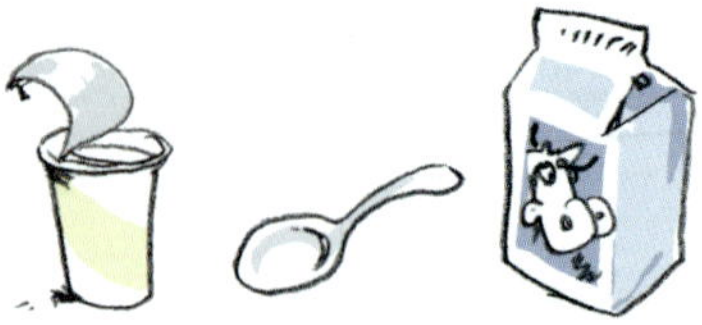

Zutaten für den Teig:

250 g süße Sahne
200 g Zucker
50 g Honig
3 große Eier
300 g Mehl
1 Päckchen Backpulver

Zutaten für den Belag:

125 g Butter oder Margarine
200 g Zucker
50 g Honig
3 EL Milch
100 g Mandelplättchen
und gefrorene Drohnenlarven

1) Sahne, Zucker und Honig mit einem Mixer cremig rühren. Die Eier dazugeben.

2) Mehl und Backpulver mischen und zusammen mit der Sahne-Zucker-Masse mit dem Mixer auf höchster Stufe ca. 3 Minuten zu einem lockeren Teig verrühren.

3) Teig auf einem gefetteten Backblech gleichmäßig verstreichen und bei 180 Grad etwa 15 Minuten auf mittlerer Schiene backen.

4) Währenddessen für den Belag die Butter zerlassen und mit Zucker, Honig und Mandelplättchen mischen.

5) Drohnenlarven ohne Fett in der Pfanne rösten.

6) Belag vorsichtig auf dem heißen Teig verteilen. Die gerösteten Drohnen darüber streuen. Nochmal ca. 10 Minuten backen.

Et voilà!
Hallo! Mmh, das duftet ja.
Darf ich mal kosten?
Ich vergaß... die Drohnen...!
Wie furchtbar!
Probier doch erstmal.
Na gut, der Bäckerin zuliebe.
Aha, ... tja, das schmeckt so wie bei ...
... Robinson Crusoe!
Mach dich nur lustig! Insekten enthalten sehr viel Proteine, Fette und Mikronährelemente.
Sie sind eine optimale Ernährungsquelle, weil sie die Vorteile von Fleisch und Pflanzen vereinen.
PHOSPHOR
CALCIUM
EISEN
KLICK!
EIN SPASSVOGEL
KUPFER
ZINK
MAGNESIUM

Wusstet ihr, dass man ungefähr 2.000 Insektenarten essen kann?
Lange Nach
der
Wissensch
WESPE
SCHMETTERLING
MEHLWURM
SCHWARZKÄFERLARVE
HEUSCHRECKE
AMEISE
Also, wenn du mich fragst ...
... ich finde Sushi ästhetischer!
Aah!
Du bringst mich auf eine Idee.

Lange Nacht der Wissenschaften:
Hallo liebe Gäste! Ich möchte Sie herzlich einladen, etwas ganz Besonderes zu kosten:
Sophies leckeren Bienen-drohnenstich!
Super!
Bitte was?
Wow!
Sind die süß ...
... oder salzig?
Die schmecken nach Honig!
Irgendwie komisch ...
Ich find's lecker!
Also, ich bin ja eigentlich Veganerin.
Der Mensch ist ein Omnivor.
Evolutionstechnisch isst er alles.
In Ländern mit solcher Tradition vielleicht ...
... Aber hier?
Mmh, das schmeckt mir! Ich könnte mich daran gewöhnen.

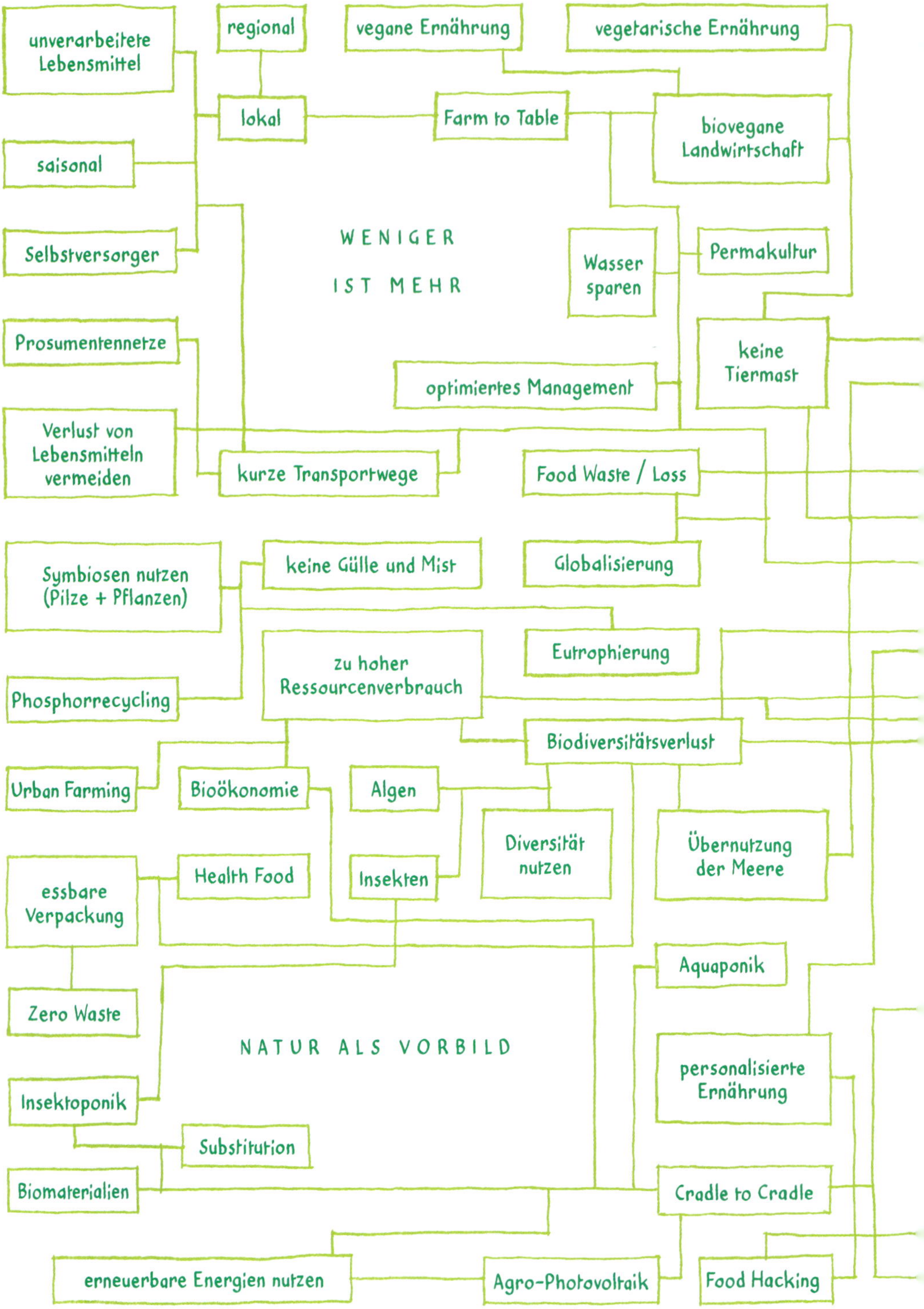
unverarbeitete Lebensmittel
regional
vegane Ernährung
vegetarische Ernährung
lokal
Farm to Table
biovegane Landwirtschaft
saisonal
WENIGER IST MEHR
Selbstversorger
Wasser sparen
Permakultur
keine Tiermast
Prosumentennetze
optimiertes Management
Verlust von Lebensmitteln vermeiden
kurze Transportwege
Food Waste / Loss
Symbiosen nutzen (Pilze + Pflanzen)
keine Gülle und Mist
Globalisierung
Eutrophierung
zu hoher Ressourcenverbrauch
Phosphorrecycling
Biodiversitätsverlust
Urban Farming
Bioökonomie
Algen
Diversität nutzen
Übernutzung der Meere
essbare Verpackung
Health Food
Insekten
Aquaponik
Zero Waste
NATUR ALS VORBILD
personalisierte Ernährung
Insektoponik
Substitution
Biomaterialien
Cradle to Cradle
erneuerbare Energien nutzen
Agro-Photovoltaik
Food Hacking

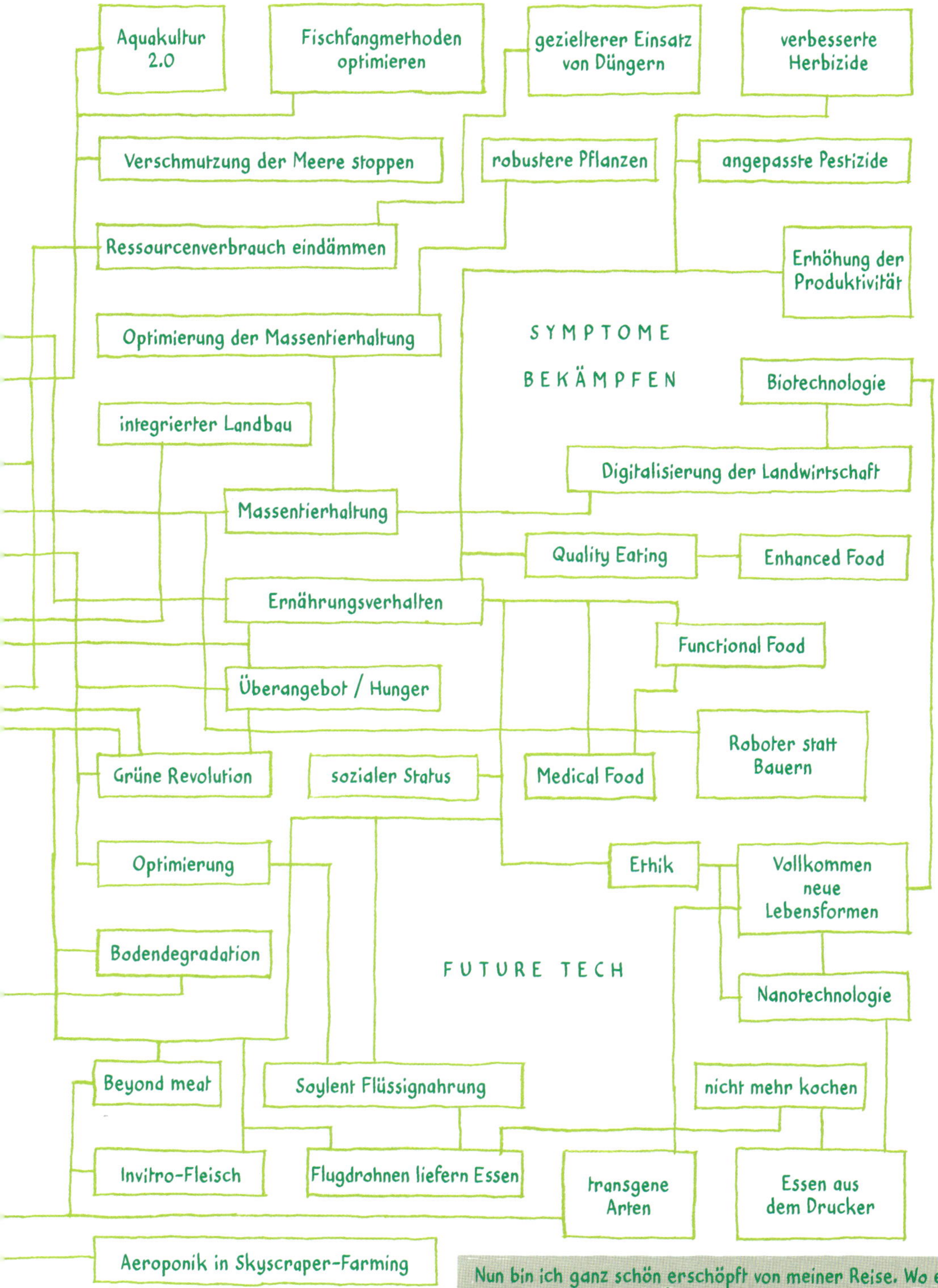
Aquakultur 2.0
Fischfangmethoden optimieren
gezielterer Einsatz von Düngern
verbesserte Herbizide
Verschmutzung der Meere stoppen
robustere Pflanzen
angepasste Pestizide
Ressourcenverbrauch eindämmen
Erhöhung der Produktivität
Optimierung der Massentierhaltung
SYMPTOME BEKÄMPFEN
Biotechnologie
integrierter Landbau
Digitalisierung der Landwirtschaft
Massentierhaltung
Quality Eating
Enhanced Food
Ernährungsverhalten
Functional Food
Überangebot / Hunger
Roboter statt Bauern
Grüne Revolution
sozialer Status
Medical Food
Optimierung
Ethik
Vollkommen neue Lebensformen
Bodendegradation
FUTURE TECH
Nanotechnologie
Beyond meat
Soylent Flüssignahrung
nicht mehr kochen
Invitro-Fleisch
Flugdrohnen liefern Essen
transgene Arten
Essen aus dem Drucker
Aeroponik in Skyscraper-Farming

Nun bin ich ganz schön erschöpft von meiner Reise. Wo es in Zukunft hingeht, weiß ich natürlich auch nicht, denn jeder Einzelne von euch bestimmt ja am Herd das Geschehen mit.
Aber Post aus der Zukunft ist schon da. Seht selbst ...

2050 IN LOS ANGELES, DISTRIKT WEST

2050 auf Banaba, United Nations of Pacific Islands

Lieber Khalid,

schönen Gruß aus Banaba, einer kleinen Insel mitten im Pazifik. Der Phosphatabbau hat das Land total zerstört. Früher war es hier grün und saftig, jetzt ist es schlimmer als bei dir im Hohen Atlas.
Banaba ist heute eine Gedenkstätte für den Raubbau an natürlichen Ressourcen.
Seit meinem letzten Besuch bei dir hab ich meine Forschung zu medizinischen Pflanzen vorangetrieben und die ganze Welt bereist.

Ich hoffe, deiner Familie geht es gut. Ein besonderes „Salam" an den „kleinen" Ali, der sich hoffentlich immer noch fleißig mit dir um die Bäume kümmert.

Allerbeste Grüße an die ganze Familie!

Khadija

Schildkrötengott von Banaba: Gedenkstätte zum Phosphatabbau von 1900 bis 1970

خاليد عسو
تيزى نوشك
مراكش ٦٤...

2050 in Berlin, Europa

Liebe Tochter,

wie geht's? Uns geht es gut, mach dir bitte keine Sorgen. Alles hier ist sehr angenehm. Gestern kam wieder der fliegende Garten von Volkswagen vorbei. Das ist echt ne tolle Sache, wenn man frische Waren direkt vom Feld kaufen will. Wird alles komplett biologisch produziert. Ich bin mir sicher, dass es dieses Angebot auch bald in China geben wird, dann können du und deine Familie das auch mal ausprobieren.

Papa und Mama
10.07.2050

Ruohan
Fuxing Street
9898/23sh
district Beijing
Asia

2050 in Mbale, Afrika Ost

Mbale, 2050 POST CARD

Liebe Maki,
ich erhole mich sehr gut hier von meinem Burnout. Die Anreise nach Kampala war stressig – so viele Leute, wie in Tokyo. Aber hier, am Fuße des Mount Elgon, ist es idyllisch. Nicht umsonst nennt man es eines der letzten Paradiese dieser Erde!! Ich mache jeden Tag irgendwelche indischen Anwendungen, man ist von morgens bis abends beschäftigt. Das nächste Mal musst du unbedingt mitkommen. Liebe Grüße, Yuko

To:
〒 177-0051
東京都練馬区関町北
4-11-5 富士ハイツ5号
清水麻紀 様
TOKYO, JAPAN

2050 in Spitzbergen, Norwegen

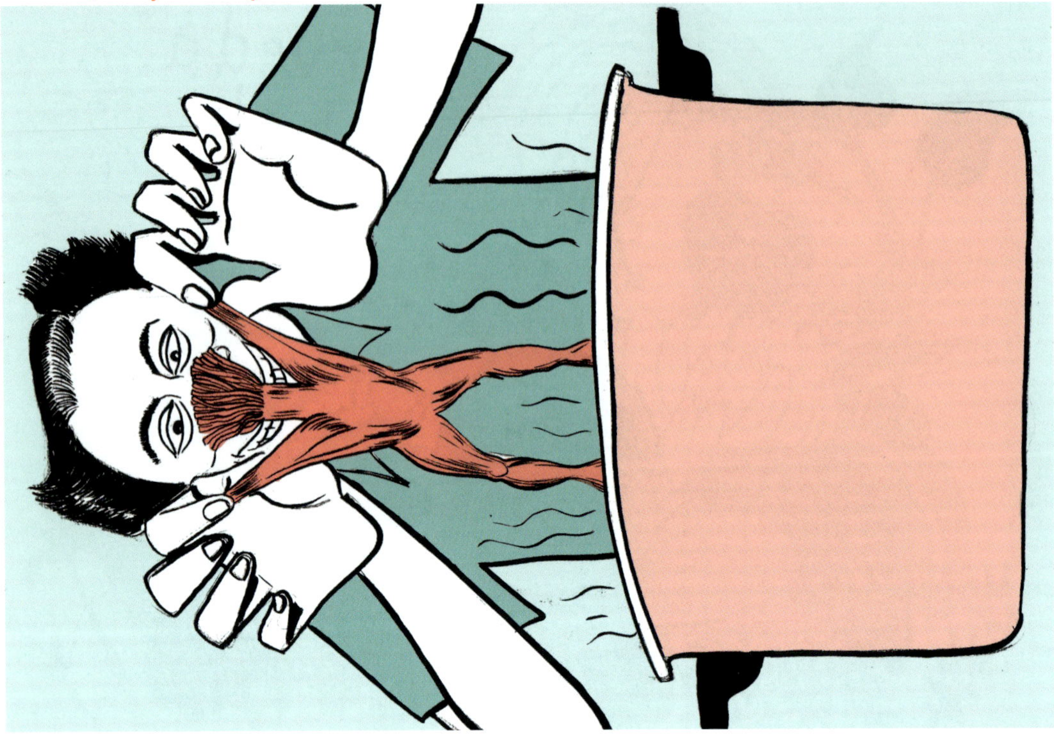

Liebe Urvashi,

endlich ist es gelungen, ein ziemlich gutes Fleischgemüse zu züchten. Wir haben hier in der Samenbank uraltes Saatgut aus Indien gefunden, das uns als Basis für unseren neuen Hybriden zwischen Pflanze und Tier gedient hat. Das ist bestimmt ein Wendepunkt in der Nahrungsmittelproduktion. Nun haben wir vielleicht keinen magischen Reis, dafür aber magisches Gemüse!

Küsse

Ravi

N 28.656 E 77.2378 H 374 F
code 543 Xrt 67447 tre

Svalbard Globale Samenbank, Longyearbyen, Spitzbergen

2050 in Peking, Kontinent Asien

Meine liebe Tearia,

ich bin grade von einem neuen Phosphor-Recycling-Werk zurückgekommen. Es war großartig! Ich wünschte, die Britische Phosphatgesellschaft hätte diese Technik schon damals gehabt, anstatt unsere altehrwürdige Insel umzugraben.

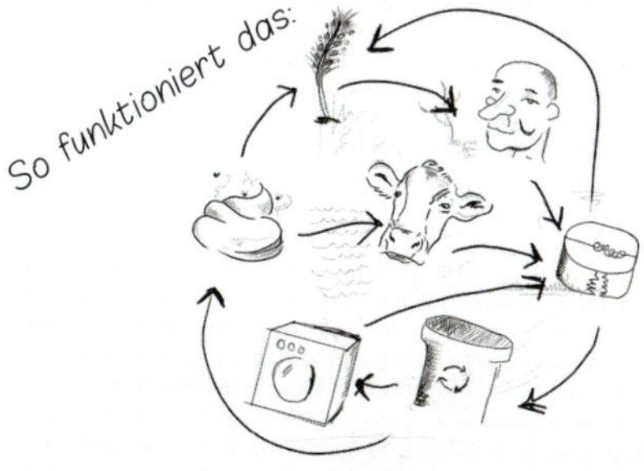

Die Leute hier pflanzen Lebensmittel in ihren Gärten an und alle sind supernett.

Ich versuche mein Mandarin aufzufrischen, das ich als Kind auf Fidschi gelernt habe.

Viel Liebe und zai jian, Mama

Beijing Phosphate Recycling opening 1. May 2050

name Tearia Teaiwa Mortimer

grid reference 01KAB8149373399

HEITOR
10.01.50

Liebe Mom und Dad,
über's internet kommunizieren ist zwar
echt schnell, aber manchmal ist es doch
schöner, mal wieder 'ne Karte zu schreiben.
Mein Geburtstag war toll! Vermisse euch!
Danke für die Brigadeiros!
In Delhi zu leben ist echt speziell. Wegen
der gesunden Ernährung habe ich
gleich ein paar Kilo abgenommen. Fast
kein Zucker und Fett, dafür aber viele
verschiedene Reissorten! Scheint so, als
würden sich die Leute nur von Reis ernähren.
Eine Sorte schmeckt besonders süß, mit
der wollen wir Brigadeiros machen!
Nächstes Mal werden wir welche
mitbringen.
XOXO von
HEITOR und der Gang!
Ps.: Die Postkarte
hab' ich selbst
gezeichnet, damit
ihr einen
Eindruck von der
Stimmung hier
bekommt.
ICH ESSE DIE GANZE ZEIT
ICH BIN SCHON YOGA-MEISTER.
NAJA, ICH ÜBE NOCH...
25
भारत
INDIA
St. Francis Xavier
1506 1552
FERNANDA &
JOSÉ
PARADIS
101010

2050 in Khouribga, Afrika Nord

2050 AMAZONASGEBIET, EHEMALIGES BRASILIEN

2050 in Tokyo, Nihon

MUSHI SUSHI 虫寿司レストラン NIPPON

Hallo Sophie, hallo Samuel! 7.10.2050

Viele Grüße aus Tokio! Ihr werdet es nicht glauben, aber ich habe ein Sushi-Restaurant eröffnet. Genauer gesagt, ein Insekten-Sushi-Restaurant! Eure Forschungen damals haben mich doch ziemlich nachdenklich gemacht. Und dann kam das globale Fischsterben. Das war natürlich tragisch, aber auch eine Chance für mich und mein Geschäft.
Jetzt ist mein Restaurant ein Renner, wir sind jeden Tag ausverkauft. Viele Promis kommen zu uns. Auf dem Foto seht ihr mich zusammen mit Selena Gomez und Justin Bieber!

Kommt mal vorbei! Ihr seid herzlich eingeladen.

Euer François

///SCHMITZKE:SOPHIE:SA
MUEL:35478412457899636
///BERLIN:EUROPEANUNIO
N:EU-8-D78GS4457-MX890

Exzellenzcluster *Bild Wissen Gestaltung*

Ein interdisziplinäres Labor

Im interdisziplinären Labor *Bild Wissen Gestaltung* arbeiten 25 verschiedene Forschungsdisziplinen aus den Bereichen Natur- und Geisteswissenschaft sowie dem Gestaltungsbereich zusammen. Aus dieser Kombination an Disziplinen ergeben sich Verschränkungen, die neue Perspektiven auf Objekte und Prozesse unserer Zeit ermöglichen. Auf diese Weise schafft das Labor einen Zusammenhang wissenschaftlichen Arbeitens, der zuvor durch feste disziplinäre Abgrenzungen und institutionelle Schranken nicht möglich war, denn bislang existieren eher disziplinär organisierte Institute und Fakultäten. Ziel des Exzellenzclusters ist es, mögliche Synergien zu entdecken und deren Potenzial abzurufen sowie Wissensgewinne mithilfe der Gestaltungsdisziplinen zu verstetigen. Hierbei ist es für den Forschungsprozess vonnöten, dass eine stetige Selbst-Beobachtung und Evaluation stattfindet, wodurch ein weiterer Mehrwert dieses Leuchtturm-Projektes generiert wird.

Der Cluster geht davon aus, dass Wissenschaft auch Gestaltung ist. Naturwissenschaftliche Forschung analysiert nicht mehr nur die Natur, sondern gestaltet sie auch mit. Erkenntnisse aus den Geisteswissenschaften, die auf historischer Forschung beruhen, sind ebenso unerlässlich für die Gestaltung der Zukunft. Durch die Gestaltung dieses Wissens übernimmt das interdisziplinäre Labor eine Brückenfunktion zwischen dem theoretischen Wissen der Universität und der praktischen Anwendung: Theorien und Grundlagenforschung werden auf diese Weise gestärkt und zugleich Bestandteil eines konkreten Bewusstseins für z. B. soziale Probleme, Fragen von Mobilität, Gesundheit und Umwelt.

In diesem Themenkomplex bewegt sich das Basisprojekt „Die Anthropozän-Küche" als ein Teil des interdisziplinären Labors. Hier untersuchen wir die Küche als folgenreichen Ort des Energieaustausches im Zeitalter des „Anthropozän" - einem neuen geologischen Zeitalter, dem Zeitalter des Menschen. Unser Ziel ist es, die Küche als einen der energie- und ressourcenintensivsten Orte, als Endstation einer globalen Produktionskette und Logistik zu untersuchen, in dem das Anthropozän in auch sehr lokal geprägten Alltagspraktiken Gestalt annimmt. Dabei werden zwei Betrachtungs- und Maßstabsebenen verknüpft: einerseits des Kochens und Essens; andererseits der Bilanzierung von Ressourcen, Energie- und Stoffflüssen. Denn die Gestaltung des Alltagslebens erfordert die Vergegenwärtigung der globalen Wirkungsketten des individuellen Handelns wie auch die Relokalisierung von bisherigen Praktiken des Outsourcens.

Als Gestaltungsmedium wählten wir das Format des Comics, da die Kombinationsmöglichkeit von Wort und Bild das von uns benötigte Potenzial hat, komplexe Zusammenhänge anschaulich und ansprechend darzustellen, ohne zu sehr simplifizieren zu müssen. Die Verwendung von Narrativen und Personalisierungen kann bei den Leserinnen und Lesern neuartige Denkprozesse anstoßen und schafft es, Faktenwissen auf unterschiedlichen Wahrnehmungsebenen zu vermitteln. Dies manifestiert sich insbesondere in der kulturellen und künstlerischen Diversität des Comics, der von zwölf internationalen Zeichner_innen umgesetzt wurde. Hierdurch entwickelt sich eine zweite Bedeutungsebene, die allein in Worten nicht zu transportieren gewesen wäre.

Am Basisprojekt „Die Anthropozän-Küche" arbeiten insgesamt zehn Expert_innen aus der Geologie, Biologie, Geoökologie, Architektur, Design und Geoinformatik an der Transformation historisch gewachsener Fragen hin zu Lösungsansätzen für die Zukunft der globalen Ernährung. Dabei wird die Küche unter verschiedenen Blickwinkeln betrachtet: vom Design über Stadtplanung, hin zu globalen Ressourcenflüssen und dem individuellen Fußabdruck sowie Fragen der Ethik und kulturellen Vorlieben. All diese Facetten finden in diesem Wissenscomic ihren Ausdruck.

Herausgeber_in

Reinhold Leinfelder

Reinhold Leinfelder ist Geologe, Geobiologe und Paläontologe und forscht zu Korallenriffen, dem Anthropozän sowie zur Kommunikation von Wissen. Er war Professor an Universitäten in Stuttgart, Müchen und Berlin sowie Generaldirektor der Staatlichen Naturwissenschaftlichen Sammlungen Bayerns (2003-2005) und des Museums für Naturkunde Berlin (2006-2010). Derzeit ist er Gründungsdirektor des „Haus der Zukunft", Professor an der Freien Universität sowie Prinicipal Investigator im Projekt „Anthropozän-Küche – Das Labor der Verknüpfung von Haus und Welt" am Exzellenzcluster *Bild Wissen Gestaltung* an der Humboldt-Universität (alle Berlin). Er ist Mitglied in der Anthropocene Working Group der Internationalen Stratigraphischen Kommission.

www.reinhold-leinfelder.de

Alexandra Hamann

Alexandra Hamann ist Mediendesignerin und leitet seit 2001 eine Agentur für Wissenschaftskommunikation und Bildungsmedien. Sie ist Herausgeberin und Autorin von wissenschaftlichen Sachcomics wie dem 2013 bei Jacoby & Stuart erschienenen Buch „Die große Transformation. Klima – kriegen wir die Kurve" und der Comic-Anthologie „Anthropozän – 30 Meilensteine in ein neues Erdzeitalter", Deutsches Museum (2014). Alexandra Hamann war als freie Mitarbeiterin des Exzellenzclusters verantwortlich für das Storyboarding, die Koordination und Redaktion des Buches. Sie ist der Kopf hinter der Idee und dem Konzept des Comics und war die Schnittstelle zwischen Wissenschaft, Kunst und den „expert citizens".

www.mintwissen.de

Jens Kirstein

Jens Kirstein ist Geologe und wissenschaftlicher Mitarbeiter an der Freien Universität Berlin. Im Basisprojekt „Die Anthropozän-Küche" erforscht er historische, aktuelle und zukünftig relevante geologische sowie geobiologische Ressourcen-, Energie- und Stoffflüsse rund um den Bereich Küche. Neben seiner Tätigkeit am Exzellenzcluster *Bild Wissen Gestaltung* ist er Mitglied der *International Max Planck Research School for Global Biogeochemical Cycles* und promoviert an der Friedrich-Schiller-Universität Jena über die quartäre Landschaftsentwicklung des Saaletals hinsichtlich Carbonatverwitterung und Stofftransport.

Marc Schleunitz

Marc Schleunitz ist Biologe und Politikwissenschaftler. Seine Interessen liegen in den Zusammenhängen zwischen der Nutzung und vielfältigen Umgestaltung der Umwelt durch den Menschen, ihren ökologischen Folgen sowie den ihr zugrunde liegenden ökonomischen Prozessen. Marc Schleunitz arbeitet als wissenschaftlicher Mitarbeiter im Basisprojekt „Die Anthropozän-Küche". Im Mittelpunkt seiner Arbeit im interdisziplinären Labor stehen Recherchen zu Themen der globalen Ernährung und den damit einhergehenden Stoffflüssen und Ressourcennutzungen.

Prolog

Sylvain Mazas

Sylvain Mazas wurde 1980 in Chambéry, Frankreich, geboren. In Straßburg studierte er Illustration, ehe er 2004 für ein Erasmus-Semester an der Kunsthochschule Berlin-Weißensee nach Berlin zog. Aufgrund seiner Liebe zur Stadt und zur Hochschule entschloss er sich, da zu bleiben. 2007 verbrachte Sylvain im Rahmen seiner Diplomarbeit drei Monate in Beirut. Dieser Aufenthalt bildet die Basis seines ersten Buches „Dieses Buch sollte mir gestatten, den Konflikt in Nah-Ost zu lösen, mein Diplom zu kriegen und eine Frau zu finden – Teil 1". Seitdem arbeitet Sylvain als freiberuflicher Grafikdesigner, Illustrator und Schriftdesigner in Berlin.
www.marmouzet.net

Phosphor

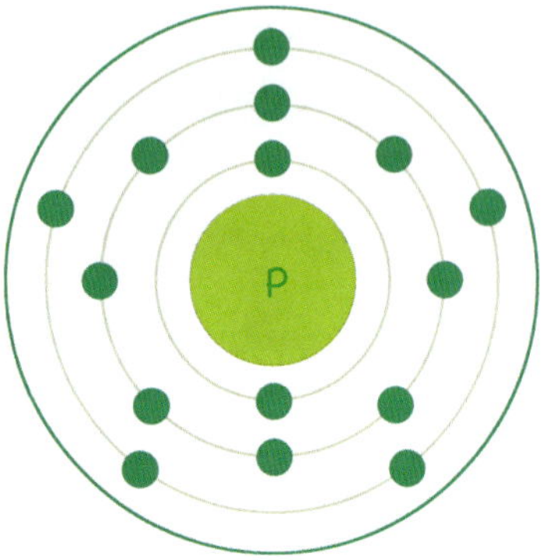

Phosphor ist ein chemisches Element mit der Ordnungszahl 15. Sein Name bedeutet „lichttragend", was vom Leuchten des weißen Phosphors bei der Reaktion mit Sauerstoff herrührt. Phosphor gibt es in verschiedenen Modifikationen (weiß, rot, violett und schwarz), in der Natur kommt er aber nur in gebundener Form vor, meist in Phospatgesteinen in der Erdkruste. Typische Minerale sind Apatite, wobei der Fluorapatit und der mit Calciumcarbonat durchsetzte Phosphorit, die ökonomisch wichtigsten Phosphate darstellen. Phosphor ist essenziell für alles Leben auf der Welt und deswegen neben Kalium und Stickstoff Hauptbestandteil von künstlichen Düngemitteln. Außer in Mineralen findet man Phosphor auch im Kot von Seevögeln und in vulkanischen Böden. Er kann derzeit noch durch keinen anderen Stoff ersetzt werden.

Uganda

Joëlle Ebongue aka Elyon's

Joëlle Ebongue wurde in Bafoussam, Kamerun, geboren. Sie studierte an der Saint-Luc Liège Ecole Supérieure des Arts in Belgien, wo sie einen Abschluss in Modern Literature und Grafic Arts erwarb. Joëlle ist die Autorin von „The Diary of Ebene Duta", welches ihr erster Comic ist. Er wurde durch eine außergewöhnliche Crowdfunding-Kampagne von Personen aus 40 Ländern finanziert. Ende 2015 hat sie den zweiten Teil des „Diary of Ebene Duta" veröffentlicht. Eine Lesereise in zahlreiche Länder machte Joëlle zu einer international bekannten Künstlerin.
www.facebook.com/EbeneDuta

Kelema

Kelema Mutuwa wurde 1941 geboren und lebt in einem kleinen Dorf am Fuße des Mt. Wanale im Randgebiet des Mt.-Elgon-Nationalparks im Osten Ugandas. In der Gegend um den imposanten Berg zeigt sich der ganze Reichtum von Ugandas Natur in einem üppigen Grün, denn der Boden ist extrem fruchtbar und das Klima moderat. Kelema versorgt sich und ihre Familie seit jeher selbst, und das will was heißen: Sie hat zehn Kinder großgezogen und mittlerweile acht Enkel. Obwohl Kelema schon einige Zeit von ihrem Mann getrennt lebt, darf er immer noch am abendlichen Mahl teilhaben. Kelema kocht fast fettfrei und mit wenig Salz und Gewürzen. Ihr Essen ist reich an Ballaststoffen; Fleisch kommt auch auf den Tisch, aber nur zu besonderen Anlässen.

Marokko

Zineb Benjelloun

Zineb Benjelloun ist eine Künstlerin und Illustratorin aus Marokko mit Hintergründen in den bildenden Künsten und im Dokumentarfilm. Ihre Arbeit wird vom Reichtum der Ikonografie urbaner Landschaften Marokkos inspiriert und versucht, die kulturelle Identität ihres Landes zu erkunden und zu bestätigen, indem sie die kollektiven Vorstellungen in Bilder setzt. Momentan arbeitet Zineb an einer Graphic Novel über eine Familiengeschichte, die sich über drei Generationen zieht und vor dem Hintergrund des Kolonialismus bis zur marokkanischen Gegenwart spielt. Einen dreimonatigen Artist-in-Residence-Aufenthalt bei Dar Al Mamun in Marrakesch nutzte sie für ausgiebige Recherchen über das letzte Jahrhundert. Zur Zeit lebt Zineb in Casablanca.
www.zineb-benjelloun.com

Khalid

Khalid wohnt mit seiner Familie im Hohen Atlasgebirge in einer eher trockenen und kargen Gegend Marokkos. Aus persönlichen Gründen haben wir seinen Namen geändert und zeigen auch kein Foto von ihm. Um nicht in die Städte abwandern zu müssen, versuchen die Bauern in den Bergen, hochwertige Pflanzen zu züchten und durch biologischen Anbau bessere Preise zu erzielen. Dieser Ansatz ist sehr vielversprechend und Khalid ist davon überzeugt, dass sich der Aufwand lohnt, denn nichts möchte er weniger, als sein eigenes Land verlassen und irgendwo anders Arbeit suchen zu müssen. Das Essen ist sehr gesund, mit vielen verschiedenen Gemüsesorten und wunderbaren Gewürzen. Dazu gibt es grünen Tee mit Zucker – je mehr, desto besser.

China

Ruohan Wang

Ruohan Wang ist eine chinesische Illustratorin, Trickfilmzeichnerin und Audio-Künstlerin. Derzeit lebt sie in Berlin. Ruohan studierte Illustration an der Universität der Künste, an der sie 2016 einen Meister-Abschluss unter Professor Henning Wagenbreth erlangte.
Parallel gründete sie das „studio R" und arbeitet als freie Illustratorin an verschiedenen Projekten in China und Europa, widmet sich aber auch eigenen Projekten. Sie hat eine Vorliebe für Bleistiftzeichnungen, und mischt gerne neuartige Techniken mit moderner Ästhetik – wobei sie viel Wert auf ihren eigenen Stil legt. Ihr nächstes Ziel ist es, sich als Illustratorin in den Experimentellen Medien zu etablieren.
www.ruohanwang.com

Dahai

Dahai wurde 1961 in der Provinz Shanxi geboren und lebt seit 1980 in Peking. Dort betreibt er zusammen mit seiner Frau ein Einzelhandelsgeschäft. Dahais Eltern besaßen Grund und Boden, den sie zum Teil verpachteten, zum Teil selber bewirtschafteten. In Zeiten der Diktatur unter Mao Zedong wurden sie enteignet, es wurde ihnen nur noch ein kleiner Teil ihres Hofes gelassen. In der großen Hungerkatastrophe von 1958–1961 wurde Dahai geboren. Seine Mutter wusste oft nicht, wie sie ihn durchbringen sollte. Heute legen Dahai und seine Frau Moli großen Wert auf gesunde und vielfältige Gerichte, die sie immer selber zubereiten. Ohne speziell darauf zu achten, halten sie sich intuitiv an die ganzheitlichen Regeln der chinesischen fünf Elemente.

Japan

Maki Shimizu

Yuko

Maki Shimizu wurde 1981 in Tokyo, Japan, geboren. In Japan studierte sie Freie Kunst mit Schwerpunkt auf Drucktechnik. Danach absolvierte sie ein Studium in Grafikdesign an der FH Bielefeld. Seit 2006 ist sie als Zeichnerin und Illustratorin in Berlin tätig und hat seit 2013 einen Lehrauftrag an der Technischen Kunsthochschule Berlin. Maki stellte in zahlreichen internationalen Ausstellungen aus und publizierte Kunstbände, Comics, Essays, eine Poesiesammlung und Kinderbücher. Teil ihrer Arbeit ist das Werk „ADAGIO N°2 – Im dunkelsten Winter aller Zeiten" (2014), das den zweiten Teil ihrer im Jahr 2011 gestarteten ADAGIO-Reihe bildet. Im Jahr 2014 veröffentlichte sie außerdem „YUKI – Portraits of Our Friends", ein Buch, das sich dem Thema Portrait mit Holzschnitten nähert.
www.makishimizu.com

Yuko Chikazawa wurde 1983 in Shizuoka geboren und ist nach ihrem Studium allein in ein Appartment nach Tokyo gezogen. Dort arbeitete sie eine Zeit lang in einer Werbeagentur. Auf der Fahrt zur Arbeit in der überfüllten U-Bahn machte sie sich Gedanken über die Zukunft, die ihr oft genauso eng und eingesperrt vorkam wie die Menschen in den Waggons. Gerade die unsichtbare Bedrohung durch die radioaktive Katastrophe von Fukushima machte ihr Angst. Trotzdem gab sie die Hoffnung nicht auf, und mittlerweile hat sie sich als Grafikdesignerin selbstständig gemacht. Nebenbei macht Yuko wunderschöne Holzschnitte, die auf zahlreichen Ausstellungen gezeigt wurden. Zum Kochen bleibt wenig Zeit, was in Tokyo aber auch kein Problem darstellt, denn es gibt an jeder Ecke einen *convenience store*, der rund um die Uhr offen hat.

Indien

Sarnath Banerjee

Sarnath Banerjee ist Künstler und Filmemacher und bekannt als Indiens erster Graphic Novelist. Geboren in Kalkutta, studierte er Biochemie an der Universität von Delhi und hat einen Abschluss (MA) in „Bilder und Kommunikation" des Goldsmith College in London. Seine semi-autobiographischen Graphic Novels „Corridor" (2004) und „The Barn Owl's Wondrous Capers" (2007) verbinden Aspekte aus Kunst, Mythologie und Popkultur mit Einsichten in zeitgenössisches, urbanes Leben. „The Harappa Files" entfernt sich strukturell von der Graphic Novel und kann als eine lockere Sammlung grafischer Kommentare verstanden werden, die Indien als eine turbokapitalistische Gesellschaft mit bipolarer Störung beschreibt. Im Dezember 2015 erschien sein neuestes Buch „All Quiet in Vikaspuri".

Avinash

Avinash Kumar ist 35 Jahre alt und lebt schon immer in Neu-Delhi. Er ist tamilischer Brahmane, und hat als solcher einen besonderen Bezug zu Reis. Nicht ein Tag seiner Kindheit verging, ohne dass er in irgendeiner Form Reis zu sich genommen hätte. Selbst in seiner Arbeit als Künstler, Designer und Visual Discjockey entwickelt er aktuell ein Computerspiel, in dem ein „magischer Reis" eine wichtige Rolle spielt. Avinash arbeitet beinahe Tag und Nacht in zwei von ihm mitgegründeten Studios, Quicksand und BLOT, organisiert Festivals und geht als VJ auf Tournee. Seit er 2015 seine Frau Urvashi geheiratet hat, ist sein Leben weniger hektisch, er isst und schläft mehr und besser.

Kiribati und Fidschi

Samuel Jaramillo

Samuel Jaramillo wurde 1991 in Kolumbien geboren und studiert momentan Medienkunst (BA) an der University of New South Wales in Sydney, Australien. Im Rahmen seines Studiums arbeitet er mit verschiedenen Medien, mit bewegten und unbewegten Bildern. Samuel war bei einigen Dokumentar- und Kurzfilmen in der Vorproduktion und dem Storyboarding, inklusive Illustrationen und erzählerischer Gestaltung, beteiligt. Daneben arbeitet er als Kameramann und Cutter. Der Künstler hat eine Vorliebe für analoge Illustrationen, vor allem von Tieren. Er ist von Literatur, Gedichten, Filmen und verschiedenen Kulturen und Menschen inspiriert, die er auf der ganzen Welt kennengelernt hat. www.mofobozo.com

Katerina

Katerina Teaiwa ist Professorin an der Australian National University. Sie war verantwortlich für den Pazifik-Studiengang des College of Asia and the Pacific, Leiterin des Instituts für Genderforschung, Medien- und Kulturwissenschaften und Gründerin des Pasifika Australian Outreach Programms. Katerina wuchs in Fidschi auf, ihre Mutter ist Afro-Amerikanerin, väterlicherseits stammt sie aus Banaba und Kiribati. In ihrer Arbeit hat sich Katerina intensiv mit den Folgen des Phosphatabbaus auf Banaba, Rabi, in Australien und Neuseeland auseinandergesetzt. Sie ist die Autorin des Buches „Consuming Ocean Island: stories of people and phosphate from Banaba". Katerina hat zwei wundervolle Töchter, Tearia und Kiera, letztere wurde kurz nach Beendigung des Kapitels in dieser Publikation geboren.

Brasilien

José Aguiar

José Aguiar ist Künstler, Szenarist und Verleger des unabhängigen Verlags Quadrinhofilia. Er studierte Bildende Kunst an der Fakultät der Künste Paraná, erhielt die wichtigsten Auszeichnungen für brasilianische Comics (Troféu HQ Mix, Troféu Angelo Agostini) und gewann den internationalen Wettbewerb für „Comics des Senac", São Paulo. Sein Buch „Reisetagebuch: eine illustrierte Reise durch Deutschland" wurde für den Jabuti-Preis nominiert, seine Comics (www.quadrinhofilia.com.br/graphic-novel/) erscheinen in Brasilien und Europa. Josés aktuellstes Werk ist das Webcomic-Projekt „A Infância do Brasil" (Brasiliens Kinderzeit), das in vier Sprachen (Portugiesisch, Englisch, Spanisch und Französisch) auf der unten genannten Website gratis zur Verfügung steht.
www.ainfanciadobrasil.com.br

Heitor

Heitor Baukat Aguiar kam am 10.01.2010 um 02:03 Uhr in Curitiba zur Welt. Er ist sechs Jahre alt und gerade eingeschult worden. Davor besuchte er schon die Krippe und den Kindergarten. Heitor ist der älteste Sohn von José Aguiar und Fernanda Baukat, die sich immer um eine gesunde Ernährung kümmerten. Bis er fünf Jahre alt war, war Heitor - wie seine Eltern - „Vegetarianer", aber auf einer Reise ins Amazonasgebiet wollte er unbedingt den Fisch Pirarucu aus dem Fluss Negro probieren. Er liebt Reisen und Geburtstagsfeiern. Seine Lieblingsessen sind Reis mit Bohnen, Broccoli und Maniokmehl, aber natürlich mag er auch Süßigkeiten, besonders Brigadeiros und Geburtstagkuchen. Vor Kurzem kam seine kleine Schwester Violeta zur Welt, die nun zusammen mit ihm, den Eltern und der 13-jährigen Katze Juju in Curitiba lebt.

USA

Sophie Goldstein

Sophie Goldstein ist Absolventin des Center of Cartoon Studies in Vermont, USA. Im Jahr 2014 wurde ihr der Ignatz-Preis für ihren Mini-Comic „House of Women, Part I" verliehen. Für ihre aktuelle Graphic Novel „The Oven" erhielt sie gleich zwei der Auszeichnungen, außerdem wurde das Werk durch Publisher's Weekly auf die „Liste der besten Bücher 2015" gesetzt. Sophies Arbeiten sind in einschlägigen Veröffentlichungen gelistet, etwa in Best American Comics 2013, The Pitchfork Review, Maple Key Comics, Sleep of Reason, Symbolia, Trip 8 and Irene 3. Sophie lebt in Pittsburgh, PA. www.redinkradio.com

Paloma

Paloma de Lara Fenton wurde in Brooklyn, New York, geboren und zog mit ihrer Mutter nach ca. zwei Jahren nach Los Angeles. Paloma ist neun Jahre alt und geht richtig gerne zur Schule. Nach der Schule trifft sie sich mit ihren Freunden, geht in einen HipHop-Kurs, macht Sport – alles, was mit einem Ball zu tun hat – oder spielt Videospiele, am liebsten Minecraft. Ihre Mutter lässt sie spielen, weil es das Gehirn trainiert. Viermal die Woche wird zu Hause gekocht, an den anderen Tagen holen sie sich etwas bei einem der vielen Take-away-Läden, mal mediteran, mexikanisch, chinesisch, oder auch mal einen Burger. Paloma liebt Pommes, die bekommt sie aber nur einmal die Woche. Junkfood gibt es daheim gar nicht, und auch der Inhalt der Lunchbox wird selbst zubereitet. Palomas allerbester Freund ist ihr Hund Doji.

Norwegen

Martin Ernstsen

Martin Ernstsen ist ein norwegischer Comic-Künstler, der derzeit in Oslo lebt. Er hat einen Abschluss in Storytelling (MA) von der Konstfack in Stockholm und in Illustration (BA) vom Kent Institute of Art and Design. Mit dem norwegischen Verlag Jippi Comics hat er acht Comic-Alben und -Bücher publiziert, das jüngste davon heißt „Du snakker med feil person" (2014). Außerdem arbeitet er als Kinderbuchautor und -illustrator. Sein zweites Kinderbuch „Fillip flipper ut" erschien im Herbst 2015 im Cappelen-Damm-Verlag. Momentan arbeitet Martin an einer Adaption des Klassikers *Hunger* von Knut Hamsun für den Minuskel Verlag, Norwegen. www.martinernstsen.com

Alfred

Alfred Pedersen wurde 1931 in Grunnfarnes geboren, wo er auch heute noch lebt. Seine Eltern waren Peder und Alfhild Pedersen. Als Alfred sieben Jahre alt war, starb seine Mutter und er wuchs bei seinem Vater und der Haushälterin Ingeborg Linløkken auf. 1957 heiratete Alfred seine Frau Jorunn, mit der er vier Kinder hat: Inge (geb. 1958) starb leider schon 1991, Eva (geb. 1960,) Grete (geb. 1964) und Jørgen, der 1973 geboren wurde. Mittlerweile hat Alfred acht Enkelkinder und vier Urenkel. Alfred hatte einen Fischereibetrieb und führte den Dorfladen, bis er 73 Jahre alt war. Dann übernahm sein Sohn Jørgen den Fischereibetrieb. Heute beschäftigt sich Alfred im Winter damit, Fischzungen zu schneiden, und im Frühling mit dem Sammeln von Vogeleiern.

Deutschland

Ulrich Scheel

Ulrich Scheel, Jahrgang 1976, stammt aus Berlin und erwarb an der Kunsthochschule Berlin-Weißensee seinen Abschluss in Kommunikationsdesign. Bekannt geworden ist er mit seiner Graphic Novel „Die sechs Schüsse von Philadelphia", die 2008 in Frankreich und Deutschland publiziert wurde und den ICOM-Hauptpreis „Beste deutschsprachige Graphic Novel" gewann. Seit 2006 arbeitet Ulrich als freiberuflicher Illustrator und Comic-Künstler. Zu seinen Auftraggebern gehören Buchverlage, Werbeagenturen und Filmproduktionen. Seit 2011 tritt er außerdem als Live-Zeichner auf. Daneben ist er maßgeblich an der Entwicklung neuartiger Theaterkonzepte in Deutschland und der Schweiz beteiligt. www.ulrichscheel.de

Sophie

Sophie Lokatis lebt in Berlin und studiert dort Biologie. Im Studium hat sie auch Samuel kennengelernt, der Bienendrohnenkuchen eigentlich überhaupt nicht mag. Das erste Insekt hat sie im Masterstudium für ein Bildungsprojekt gegessen, und auch, wenn es die Sechsbeiner bei den beiden nicht oft in den Einkaufskorb schaffen, hofft sie, dass Insekten dabei helfen, die eigentliche Problematik in den Fokus zu rücken: unseren viel zu hohen Fleischkonsum.

Charakterentwicklung

Martyna Žalalytė

Martyna Žalalytė kommt aus Vilnius, Litauen, und lebt und arbeitet derzeit in Berlin. Dort studiert sie Visuelle Kommunikation an der Universität der Künste . Sie beschäftigt sich hauptsächlich mit Illustration und Animation. In ihren Arbeiten werden analoge und digitale Techniken gemischt (Tusche, Filzmarker, Photoshop) und eine Vielfalt von Themen untersucht – von bedrohten Tierarten bis hin zu emotionalem Gemüse. Für die Anthropozän-Küche hat die Künstlerin die Figur des Phosphors als Prototyp entwickelt und ihr die vier Sauerstoffe anbei gestellt. Diese Figur wurde von den anderen Künstlern der jeweiligen Kapitel übernommen und stilistisch angepasst. Martyna hat für die Reise des Phosphors durch die Länder auch selbst einige Anregungen gegeben, oft mit einer gehörigen Portion Augenzwinkern.

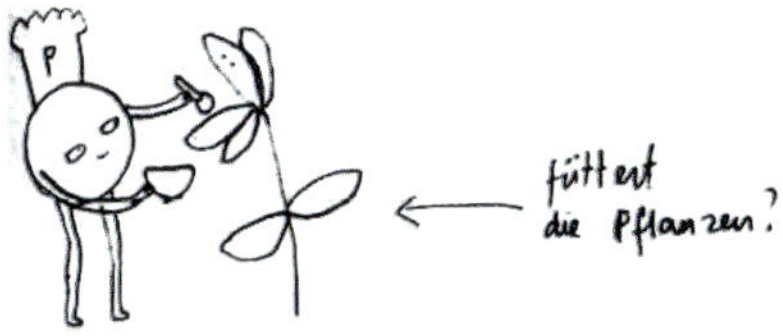

Danksagung

Dieses Buch entstand mithilfe und unter Mitwirkung zahlreicher Unterstützerinnen und Unterstützer, denen wir an dieser Stelle herzlichst danken möchten.

Besonders geholfen auf der Suche nach unseren Protagonistinnen und Protagonisten sowie Künstlerinnen und Künstlern haben uns:
Rainer Schmidt (Musikberater, München), Elizabeth Khasitsi (Bürokauffrau, Kampala), Katharina Neidhardt (Goethe-Institut Kampala), Françoise Ehmann (Studienrätin und Afrikanistin, Paris), Gary Martin (Direktor der Global Diversity Foundation), Khadija von Zinnenburg Carroll (Kuratorin und Kulturwissenschaftlerin, University of Oxford), Florence Robert-Vissy (Direktorin der Abteilung Grafik Design an der Ecole Supérieure des Arts Visuels, Marrakesch), Aniko Boehler (Anthropologin und Kuratorin, Marrakesch), Ulla Giesler (Kulturwissenschaftlerin, Berlin), Josh Wodak (Associate Lecturer, School of Art & Design, University of New South Wales, Australien), Ian McArthur (Senior Lecturer, School of Art & Design, UNSW), Ulrich Fügener (Goethe-Institut Lyon) und Jutta Harms (Reprodukt Berlin).

Bei der Klärung inhaltlicher Fragen und sprachlicher Hürden halfen uns:
Manash Chatterjee (Direktor von BenchBio, Indien), Ashish Kothari (Gründungsmitglied der Umweltorganisation Kalvapriksh, Indien), Helge Hellevang (Geochemiker, University of Oslo), Vincent Manzanilla (Ethnobotaniker, University of Oslo) und Gary Martin (s.o.).

Der im Zusammenhang mit dem Epilog veranstaltete Workshop „Science meets Comics" zur nachhaltigen Ernährung der Weltbevölkerung in der Zukunft im Kontext einer bild-textlichen Auseinandersetzung lieferte uns spannende Ansätze für Zukunftsszenarien und bereichernde Diskussionen zur Comictheorie. Herzlichen Dank an:
Arnold van Huis (Entomologe, Wageningen University, Niederlande), Katerina Teaiwa (Anthropologin, Australian National University), Anne-Kathrin Kuhlemann (Geschäftsführerin Blue Economy, Berlin) und Toni Meier (Agrar- und Ernährungswissenschaftler, Martin-Luther-Universität Halle-Wittenberg) für ihren Input zu Ernährungsaspekten

sowie Jaqueline Berndt (Kunst- und Medienwissenschaftlerin, Kyoto Seika University), Nick Sousanis (Erziehungswissenschaftler und Comiczeichner, University of Calgary), Lukas Plank (Journalist, Wien), Stephan Packard (Medienkulturwissenschaftler, Albert-Ludwigs-Universität Freiburg), Veronika Mischitz (Illustratorin und Autorin des Wissenschaftscomics "Klar Soweit!") und Henning Krause (Wissenschaftskommunikator und Social Media Manager der Helmholtz-Gemeinschaft) für spannende Beiträge zur Comictheorie.

Josh Wodak ist Co-Herausgeber des Kapitels „Kiribati und Fidschi". Er veranstaltete und betreute zusammen mit Ian McArthur einen Kurs an der School of Art and Design (UNSW) mit dem Ziel, einen Künstler für das Kapitel „Kiribati und Fidschi" zu finden.

Im Basisprojekt „Die Anthropozän-Küche" danken wir herzlich:
Theresa Habermann für ihre Unterstützung bei der wissenschaftlichen Arbeit und Anne Schmidt für ihre Unterstützung bei Layout und Übersetzung. Außerdem danken wir unseren Kollegen Julia von Mende, Karl W. Grosse und Stephan Barthel für Anregungen und Hilfe im Laufe der Entstehung des Comics.

Besonderer Dank gilt Horst Bredekamp und Wolfang Schäffner, Sprecher des Exzellenzclusters *Bild Wissen Gestaltung* und Deborah Zehnder, wissenschafliche Geschäftsführerin des Clusters für die Unterstützung dieses Projekts, sowie den Cluster-Mitarbeiterinnen Claudia Lamas Cornejo, Valia Carvalho und Daniela Harsan, die durch ihren Einsatz bei der Organisation und Gestaltung des internationalen Comic-Workshops zu dessen Gelingen beigetragen haben. Besten Dank auch an Kathrin Bauer und Sandra Bauer für die Betreuung der komplexen Verwaltungsaufgaben, und Kerstin Kühl für die tatkräftige Unterstützung bei der Finalisierung der Druckvorlage.

Großer Dank geht an die Deutsche Bundesstiftung Umwelt (DBU) für die finanzielle Unterstützung, ohne die der Comic nicht zu realisieren gewesen wäre – und hier insbesondere an Ulrike Peters (Leiterin des Referats für Umweltinformationsvermittlung) für ihre wertvolle Betreuung.

Glossar

Ähre Begriff aus der Botanik, der einen Blütenstandstyp beschreibt.

Alchemist Forscher der Alchemie, einer frühen Form der Naturphilosophie und Vorgängerin der modernen Chemie.

Anorganisch Chemische Verbindungen, die im Gegensatz zu organischen Verbindungen keine Kohlenstoffatome enthalten.

Anthropologin Anthropologie ist die Lehre vom Menschen. Diese Wissenschaft erforscht den Menschen, seine Abstammung und seine sozialen und kulturellen Leistungen.

Antioxidantien Chemische Verbindungen, die eine Oxidation (Abgabe von Elektronen) anderer Substanzen verlangsamen oder verhindern.

Beta-Carotin Naturfarbstoff und Vorstufe zu Vitamin A. In diversem gelben bis roten, aber auch grünen Gemüse und Obst enthalten.

Biohacking Eingriff in biologische Prozesse durch Hobbybiologen unter Nutzung der in der professionellen Wissenschaft etablierten Ansätze und Methoden. Beispiel: Einbringen von Gensequenzen selbstleuchtender Organismen (Qualle) in andere Organismen (Pflanze).

Body-Mass-Index (BMI) Der BMI setzt das Körpergewicht in ein Verhältnis zur Körpergröße. Über den Zahlenwert wird ein Individuum einer Gewichtsklasse zugeordnet, die den Körper hinsichtlich seiner Physiologie beschreibt – von Untergewicht bis zur Adipositas → Fettleibigkeit.

Brackwasser Nicht trinkbares Mischwasser aus See-, Fluss- oder Meerwasser mit einem Salzgehalt von 0,1 bis 1 Prozent.

Cholesterin Fettmolekül, das der Körper selbst herstellt und zusätzlich über die Nahrung aufnimmt. Es ist Bestandteil von Zellwänden und Baustein vieler Hormone.

CO_2 → Kohlenstoffdioxid

CO_2-Äquivalent Kohlenstoffdioxidäquivalente sind ein Maß dafür, wie viel ein Treibhausgas zum Treibhauseffekt beiträgt. Hierfür wird die Klimaschädlichkeit verschiedener Treibhausgase ins Verhältnis zur Stärke von CO_2 gesetzt (z. B. Methan ist 23- fach stärker als CO_2). Dadurch können alle Treibhausgase über eine Einheit zusammengefasst und in ihrer Wirkung miteinander verglichen werden.

Cyanobakterien Bakterien, die in der Lage sind, Fotosynthese zu betreiben. Eine der ältesten Organismengruppen, die für eine erste Anreicherung der Erdatmosphäre mit Sauerstoff vor zwei Milliarden Jahren mitverantwortlich ist.

Diabetes (mellitus) Störung des Zuckerstoffwechsels mit Symptomen von erhöhten Blutzuckerkonzentrationen; hervorgerufen durch eine verminderte Aufnahme von Zucker in Körperzellen durch Insulinmangel oder abgeschwächte Wirksamkeit des Insulins (Hormon zur Zuckeraufnahme in Körperzellen). Typ-2-Diabetes kann in jedem Alter auftreten, zunehmend im Jugendalter, und wird durch langfristig schlechte Ernährung ausgelöst, die mit Übergewicht und Bewegungsmangel einhergeht.

Dodo (Amaranth) Hirseähnliche Pflanzengattung, welche zur Familie der Fuchsschwanzgewächse gehört und eine hohe Konzentration an Nähr- und Vitalstoffen enthält.

Emulgator Hilfsstoff, der zwei nicht miteinander mischbare Stoffe (z.B. Wasser und Öl) in eine stabile und gemischte Form (z.B. Emulsion) bringt.

Energietransfer in Zellen Glucose, die mit der Nahrung zugeführt wurde, wird in Körperzellen aufgenommen. Die Energie der Glucose wird im sogenannten Citratzyklus, der in den

→ Mitochondrien abläuft, auf Adenosintriphosphat (ATP) übertragen. Dieses gilt als „Energiewährung" des Körpers und steht für diverse Prozesse zur Verfügung, etwa die Muskelarbeit oder enzymatische Reaktionen.

Enzyme Biochemische Katalysatoren, die an diversen Stoffwechselprozessen im Körper beteiligt sind. Sind in der Lage, Stoffe zu binden und zu verändern, ohne dabei selbst verändert zu werden. So gut wie alle Enzyme bestehen aus → Proteinen.

Erosion Abtragung von Gestein und Böden durch Wasser, Wind oder Gletscher. Natürliche Erosionsprozesse können durch menschliche Eingriffe stark beschleunigt werden, so z. B. die Oberflächenerosion auf landwirtschaftlichen Nutzflächen.

Expression (Gen-Expression) Prozess, der einen bestimmten Genabschnitt aktiviert, um bestimmte → Proteine zu bilden.

Fermentieren (Gären) Prozess, in dem Stoffe unter Zuhilfenahme von Mikroorganismen (Pilze, Bakterien) oder Enzymen in ihren Eigenschaften verändert werden. Joghurt entsteht beispielsweise durch Milchsäuregärung, die wiederum von Milchsäurebakterien ausgelöst wird.

Fette → Lipide

Fettleibigkeit (auch Adipositas) Ernährungs- und Stoffwechselkrankheit mit einer über das normale Maß hinausgehenden Steigerung des Körpergewichts sowie krankhaften Auswirkungen (Fettstoffwechselerkrankungen, Diabetes). Die psycho-sozialen Gründe für krankhafte Fettleibigkeit sind vielfältig und komplex, die physiologische Ursache meist jedoch eine überhöhte Kalorienzufuhr in Kombination mit nicht ausreichender Bewegung.

Fotosynthese Prozess, in dem Pflanzen oder → Cyanobakterien Kohlenstoffdioxid und Wasser unter Lichteinwirkung zu Glucose (Zucker) und Sauerstoff verstoffwechseln. Der entstehende Sauerstoff wird in die Atmosphäre freigegeben. Sehr untergeordnet existieren auch andere Formen von Fotosynthese.

Gen Bezeichnet einen Abschnitt im Erbgut von Lebewesen, der der Bildung von RNA-Molekülen und Proteinen dient.

Genom Gesamtheit der vererbbaren Information (Erbgut) eines Organismus.

Glutenunverträglichkeit (auch Zöliakie) Entzündliche Darmerkrankung, ausgelöst durch eine fehlgeleitete Immunreaktion auf das Klebereiweiß Gluten, das in vielen Getreidesorten vorkommt.

Großer Sprung nach Vorn (engl.: The Great Leap Forward) Ökonomische und soziale Reformkampagne in China zwischen 1958 und 1961, initiiert durch den Vorsitzenden der Kommunistischen Partei Chinas, Mao Zedong. Ziel war es, das damalige China zu modernisieren und den Anschluss an westliche Nationen zu halten. Zwangskollektivierung der Landwirtschaft und eine rasante Industrialisierung sind nur zwei der Maßnahmen, die zum Ziel führen sollten. Aufgrund der eklatanten Eingriffe in die Landwirtschaft endete der Große Sprung nach Vorn in einer verheerenden Hungersnot, die mindestens 18 Millionen Chinesen das Leben kostete.

Grüne Revolution (GR) Sammelbegriff für die Technisierung und Modernisierung der Landwirtschaft in den 1960er/1970er Jahren. Zuerst in den USA und der westlichen Welt angewandt, gelangten die Methoden und Techniken der GR auch in andere Länder wie Mexiko und Indien. Charakteristika der GR sind unter anderem die Implementierung neu entwickelter Hochertrags-Nutzpflanzen, der Einsatz von Kunstdüngern, Schädlingsbekämpfungsmitteln und die Mechanisierung der Landarbeit.

Guano Ablagerungen vor allem aus Exkrementen, aber auch Kadavern, Knochen- und Federresten von Vögeln sowie von Fledermäusen.

Healthy Eating Index Werkzeug zur Feststellung der Ernährungsqualität nach den Ernährungsrichtlinien für US-Amerikaner des Landwirtschaftsministeriums der USA (USDA). Zur Datenerhebung werden nationale Umfragen zur Ernährung in einem 24-Stunden-Zyklus durchgeführt.

Histamin Kommt im menschlichen und tierischen Organismus hauptsächlich in Haut und Lunge vor und spielt u. a. eine zentrale Rolle bei allergischen Reaktionen und der Abwehr körperfremder Stoffe.

Hormone Körpereigene Wirkstoffe, die physiologische Abläufe steuern und koordinieren.

Hydrokolloide Große Gruppe von Polysacchariden (langkettige Zuckermoleküle) und Proteinen, die in Wasser fein verteilt in Lösung gehen und ein hohes Vermögen zur Gelbildung haben. Hierzu zählen u. a. Gelatine (tierisch), Alginat und Pektin (pflanzlich).

Hydroponik (auch Hydrokultur) Kultivieren von Nutz- und Zierpflanzen in Behältern mit Nährlösungen anstelle von natürlichem Boden als Nährstoffträger.

Hydrothermalquelle Heiße und mineralreiche Unterwasserquelle von Vulkanschloten am Boden der Tiefsee; meist in Bereichen, in denen Kontinentalplatten aneinandergrenzen.

Inkarnation Religiöser Begriff, der die Menschwerdung bzw. Fleischwerdung eines geistigen Wesens bezeichnet.

Interspezies-Kreuzung Zuchtmethode, bei der unterschiedliche Arten miteinander gekreuzt werden. Hierbei entsteht eine Hybridform, die Eigenschaften der beiden ursprünglichen Arten vereint. Ein bekanntes Beispiel ist der „Liger", ein Hybrid aus Löwe und Tiger. Für die Zucht haben die Hybride oft den Nachteil, dass sie nur bedingt fertil, also fortpflanzungsfähig, sind.

Junkfood Begriff für minderwertige, ungesunde und besonders kalorienhaltige Nahrung, wie fett-, salz- oder zuckerhaltige Lebensmittel (z.B. Hamburger, Pommes frites oder Limonaden).

Ketogene Diät Bei dieser Ernährungsform werden Kohlenhydrate limitiert. Der Körper bezieht seinen Energiebedarf aus körpereigenen Ketonkörpern als Glucoseersatz.

Kohlenhydrate Organische Verbindungen, die aus Zuckermolekülen bestehen. Sie sind wichtigster Energielieferant in Organismen und elementarer Bestandteil der Ernährung und erfüllen vielfältige biologische Aufgaben.

Kohlenstoffdioxid (CO_2) Chemische Verbindung aus Kohlenstoff und Sauerstoff. Kohlenstoffdioxid ist ein natürliches Treibhausgas, das in der Erdatmosphäre vorkommt. Es wird durch geologische und biologische Prozesse in die Atmosphäre eingetragen.

Lactoseintoleranz Bei einer Milchzuckerunverträglichkeit wird der mit der Nahrung aufgenommene Milchzucker (Lactose) als Folge fehlender oder verminderter Produktion des Verdauungsenzyms Lactase nicht verdaut. Der unverdaute Milchzucker gelangt in den Dickdarm, wo er von Dickdarmbakterien zu Milchsäure (Lactat) vergoren wird, was zu Blähungen und Durchfall führt.

Lebensmittelwüste Lebensmittelwüsten im urbanen Raum sind Areale, in denen das durchschnittliche Einkommen sehr niedrig ist, und in dem gleichzeitig mind. ein Drittel der Anwohner innerhalb einer Meile (1,6 km) keinen Zugang zu einem Supermarkt mit frischen Lebensmitteln haben. Dies kann zu vermehrtem Konsum von → Junkfood führen.

Lipide (auch Fette) Verbindungen aus Glycerin und Fettsäuren. Fette sind Grundbaustein und Energieträger für diverse Strukturen und Prozesse im Körper.

Longping, Dr. Yuan Erster Wissenschaftler, der in den 1970er Jahren das Geheimnis der Hybridisierung von Reis entschlüsselte.

Lagune Durch Barren, Sandbarren oder Korallenriffe vom offenen Meer nahezu komplett abgetrenntes Meeresbecken.

Lumineszenz Physikalische Reaktion, in der Energie als Licht abgegeben wird.

Makronährelement (auch Hauptnährstoff) Bezeichnung für lebensnotwendige Nährstoffe, welche für das Wachstum und die Biomasseproduktion des menschlichen, tierischen oder pflanzlichen Stoffwechsels unentbehrlich sind. Dazu zählen vor allem Proteine, Lipide und Kohlenhydrate.

Marker-gestützte Selektion Methode, um in der Pflanzen- oder Tierzucht in einem Organismus mithilfe von speziellen genetischen Markern nach einem gewünschten Gen oder dessen → Expression zu suchen, zum Beispiel: Stresstoleranz, bestimmte Immunitäten oder erhöhte Produktivität eines Organismus.

Mergel Sedimentgestein bzw. stark verfestigtes Gemenge mit schwankendem Mengenverhältnis aus Kalk und silikatischen Bestandteilen verschiedener Korngrößen von Silt bis Ton.

Mikronährelement (auch Spurenelement) Bezeichnung für Nährstoffe, welche im Gegensatz zu → Makronährelementen nur in geringen Mengen von Lebewesen benötigt werden. Mikronährelemente sind meist Bestandteil von Hormonen, Enzymen und Vitaminen.

Mitochondrium Ein sogenanntes Zellorganell (strukturell abgegrenzter Bereich mit besonderer Funktion), dass der Atmung sowie dem Stoffwechsel einer menschlichen, tierischen und pflanzlichen Zelle dient.

Mollusken (auch Weichtiere) Sehr großer, heterogener und vielfältiger Stamm der wirbellosen Metazoen (Vielzeller). Bekannteste Angehörige sind die Tintenfische, Schnecken und Muscheln. Die Schalen der meisten Mollusken bestehen aus Calciumcarbonat. Die Schale ist eine Art Außenskelett und stellt u. a. eine Schutzfunktion dar.

Monsun Großräumige Luftzirkulation im Gebiet der Tropen und Subtropen im Einflussbereich der Passatwinde, die eine hohe Luftfeuchtigkeit mitführt.

Mutationszüchtung Methode, um in Organismen Mutationen herbeizuführen, die unter Umständen neue, gewünschte Eigenschaften hervorbringen. Die Mutationen können z. B. durch Bestrahlung mit UV-Licht oder unter Einsatz von Chemikalien induziert werden.

Neolithikum (Jungsteinzeit) Epoche des vorgeschichtlichen Menschen, die mit dem Beginn des Anbaus von Kulturpflanzen und der Haltung von Haustieren gleichgesetzt wird.

Panel Begriff aus dem Comic für ein Einzelbild bzw. den Bildkasten. Die Leserichtung variiert je nach Kulturkreis, in diesem Buch geht sie von links oben nach rechts unten.

Pestizide Gruppe von chemischen Verbindungen mit Giftwirkung. Pestizide werden in der Land- und Forstwirtschaft zur Bekämpfung von Schädlingen verwendet, um Pflanzenschutz sowie Ernte- und Vorratsschutz zu betreiben.

Plankton Sammelbegriff für kleine und kleinste aquatische, dahintreibende Organismen. Sind nicht oder nur eingeschränkt in der Lage, ihre horizontale Position im Wasserkörper zu verändern.

Plasmid Extrachromosomales, doppelsträngiges und zirkuläres DNA-Molekül, das in Bakterien und manchen Hefen vorkommt.

Proálcool Nationales Programm in Brasilien zum Ausbau der einheimischen Industrie für Ethanol-Kraftstoff, basierend auf der Produktion und Raffination von Zuckerrohr.

Protein (Eiweiß) Biologisches Makromolekül, das aus Aminosäuren besteht. Proteine sind ein Grundbaustein von Organismen und elementar an Aufbau und Stoffwechsel beteiligt. Sie können „molekulare Maschinen" sein und Stoffe durch Zellmembranen transportieren, als → Enzyme Stoffe umwandeln oder als Signalstoffe im Körper agieren. Proteine sind ein wichtiger Bestandteil von Muskeln, Haut, Haaren und weiteren Strukturen in Organismen.

Reis-Intensivierungs-System Agrarökologische Methode zur Optimierung und Ertragssteigerung von Reiskulturen. Hierbei werden u. a. eine verringerte Anzahl von Reispflanzen gesetzt, Bewässerungspraktiken angepasst und die Bodenpflege optimiert.

Riff Langgestreckte, meist felsige Hebung des Meeresgrundes, die bis in die Nähe der Wasseroberfläche reicht. Ein Riff wird durch Wachstum von Organismen mit Kalkskelett (insbesondere Korallen) gebildet.

Sediment Unverfestigte Ablagerung von mineralischen oder organischen Partikeln z. B. am Meeresboden, am Boden von Seen oder auch an Land.

Seltene Erden Oxide von Metallen, die für viele Zukunftstechnologien, wie Windturbinen, Leuchtdioden, Handys oder Elektromotoren, sehr bedeutsam sind. Zu ihnen gehören insgesamt 17 chemische Elemente, wie Scandium, Yttrium und Lanthan.

Sequenzierung Ein molekularbiologisches Analyseverfahren zur Bestimmung des Aufbaus von Desoxyribonukleinsäure (kurz DNS; englisch DNA).

Stein der Weisen Suche nach der Formel für einen Stein, aus dessen Substanz → Alchemisten unedle in edle Metalle wie Gold und Silber verwandeln wollten.

Superfood Nährstoffreiche Lebensmittel, die als besonders förderlich für Gesundheit und Wohlbefinden erachtet werden.

Syngenta Einer der weltweit größten Agrakonzerne mit Sitz in Basel, Schweiz. Zu Redaktionsschluss wurde bekannt, dass die chinesische Firma Chem China den Konzern für 43 Milliarden Dollar übernehmen will.

T-DNA Transfer-DNA, charakteristischer Abschnitt auf dem → Plasmid des Bakteriums *Agrobacterium tumefaciens.*

Traditionelle Zucht Auslese, Kreuzung und Vermehrung von Organismen, bei denen gewünschte Eigenschaften besonders vorteilhaft ausgeprägt sind, z. B. besonders große Früchte, schnelles Wachstum oder Krankheitsresistenzen.

Transgene Organismen Die Herstellung transgener, also genetisch veränderter Organismen (GVO), erlaubt das Verbinden von Eigenschaften unterschiedlicher Organismen. Mit diversen Methoden kann eine gewünschte Eigenschaft aus Organismus A in Organismus B eingebaut werden. So kann man beispielsweise die Fähigkeit von Narzissen, Vitamin A zu produzieren (der Grund, warum sie gelb aussehen), in Reis einbauen, damit dieser mehr Vitamin A enthält. So erhält man Golden Rice. Weltweit werden transgene Nutz- und Nahrungsmittelpflanzen gewerblich verwendet. In vielen Ländern wird deren Gebrauch sehr emotional und kontrovers diskutiert bzw. nicht zugelassen.

Urknall Bezeichnung aus dem kosmologischen Modell für die gemeinsame Entstehung von Materie, Raum und Zeit aus einem einzigen Punkt vor etwa 14 Milliarden Jahren. Wird als Beginn des Universums angesehen.

Verkarstung Sammelbegriff für natürliche, chemische Auflösungs- und Zersetzungsprozesse an Gesteinen (z. B. Kalk, Dolomit, Gips, Steinsalz) durch Wasser.

Weißblech Dünnes (0,1 bis 0,5 mm) kaltgewalztes Stahlblech, dessen Oberfläche zum Korrosionsschutz mit Zinn beschichtet ist.

Quellen

Phosphor

Seite 13: Müller J, Lesch H (2005) Die Entstehung der chemischen Elemente: Vom Urknall zum roten Riesen. Chemie in unserer Zeit 39:100–105
Planck Collaboration (2015) Planck 2015 results. XIII. Cosmological parameters. Astronomy & Astrophysics manuscript
Seite 14, P3: Krafft F (1969) Phosphor – Von der Lichtmaterie zum chemischen Element. Angewandte Chemie 81:634–645
Seite 15, P6 / Seite 16, P2: Pasek MA, Harnmeijer JP, Buick R, Gulll M, Atlas Z (2013) Evidence for reactive reduced phosphorus species in the early Archean ocean. Proceedings of the National Academy of Sciences 110:10089–10094
Seite 16, P4: Martin W, Baross J, Kelley D, Russell MJ (2008) Hydrothermal vents and the origin of life. Nature Reviews Microbiology 6:805–814
Seite 17, P1: Pasek Ma (2008) Rethinking early Earth phosphorus geochemistry. Proceedings of the National Academy of Sciences 105:853–858
Seite 17, P2: Glindemann G, de Graaf RM, Schwartz AW (1999) Chemical Reduction of Phosphate on the Primitive Earth. Origins of life and evolution of the biosphere 29:555–561
Seite 19, P3: Kohlhaas O (2013) Wie funktioniert die Verdauung und Nährstoffaufnahme? http://www.oliverkohlhaas.de/biologie/stoffwechsel/verdauung-und-nährstoffaufnahme/. Zugegriffen: 11. Februar 2016
Seite 20, P4: Carroll SB (2003) Genetics and the making of Home sapiens. Nature 422:849–857
Seite 21, P4-P5: Fock A (2007) Das große Fressen - Aufs Maul geschaut. Wissenschaftlicher Informationsdienst des Europäischen Institutes für Lebensmittel- und Ernährungswissenschaften (EU.L.E.) e. V. 3-4/2007, München
Seite 21, P5: Gibbons A (1998) Solving the Brains's Energy Crisis. Science 280:1345–1347
Seite 21, P6: Magistretti PJ, Allaman I (2013) Brain Energy Metabolism. In: Pfaff DW (2013) Neuroscience in the 21st Century - From Basic to Clinical. Springer, New York, 1591–1620
Seite 21, P7: Carroll SB (2003) Genetics and the making of Home sapiens. Nature 422:849–857
Seite 23, P2: Kuijt I, Finlayson B (2008) Evidence for food storage and predomestication granaries 11,000 years ago in the Jordan Valley. Proceedings of the National Academy of Sciences 106:10966–10970
Seite 23, P4: Waters CN, Zalasiewicz J, Summerhayes C, Barnosky AD, Poirier C, Galuszka A, Cearreta A, Edgeworth M, Ellis EC, Ellis M, Jeandel C, Leinfelder R, McNeill JR, Richter DB, Steffen W, Syvitski J, Vidas D, Wagreich M, Williams M, Zhisheng A, Grinevald J, Odada E, Oreskes N, Wolfe AP (2016): The Anthropocene is functionally and stratigraphically distinct from the Holocene. Science 351

Uganda

Seite 27: Bahiigwa G (1999) Household food security in Uganda: An empirical analysis. Economic Policy Research Center. http://www.eldis.org/fulltext/EPRC_Bahiigwa.pdf. Zugegriffen: 27. Januar 2016
Ries G (2011) Vulkane verwittern – das Rohstoffpotential ostafrikanischer Karbonatite. http://www.scilogs.de/mente-et-malleo/vulkane-verwittern-das-rohstoffpotential-ostafrikanischer-karbonatite/. Zugegriffen: 16. März 2016
Seite 28, P4: nach Max-Planck-Institut für Molekulare Pflanzenphysiologie (2012) Komm ins Beet - Nährstoffversorgung. Informationsposter. http://www.komm-ins-beet.mpg.de/wissenswertes/poster/naehrstoffe. Zugegriffen: 14. Januar 2016
Seite 34, P1: Nutrition Rank (2011) Ugandan Matoke Recipe. http://www.nutritionrank.com/calories-ugandan-matoke-1388415. Zugegriffen: 14. Januar 2016
Seite 34, P6: nach GartenGnom (2013) Nährstoffe für Pflanzen: Was brauchen Pflanzen zum Leben? URL: http://www.gartengnom.net/naehrstoffe-fuer-pflanzen/. Zugegriffen: 14. Januar 2016
Seite 38, Fußnote: UBOS (2014) Uganda National Household Survey 2012/2013. Uganda Bureau of Statistics (UBOS) - Government of Uganda, Kampala Uganda

Marokko

Seite 46, P1: Bogaard A, Fraser R, Heaton THE, Wallace M, Vaiglova P, Charles M, Jones G, Evershed RP, Styring AK, Andersen NH, Arbogast RM, Bartosiewicz L, Gardeisen A, Kanstrup M, Maier U, Marinova E, Ninov L, Schäfer M, Stephan E (2013) Crop manuring and intensive land management by Europe's first farmers. Proceedings of the National Academy of Sciences 110: 12589–12594
Seite 46, P3 links: Liebig J (1840) Die organische Chemie in ihrer Anwendung auf Agricultur und Physiologie. Vieweg, Braunschweig
Seite 46, P3 rechts: Strube W, Strube, H (2005) Justus Liebig: Eine Biographie. Sax-Verlag
Seite 46, P4: Travis AS, Schröter HG, Homburg E, Morris PJT (1998) Determinants in the Evolution of the European Chemical Industry, 1900-1939: New Technologies, Political Frameworks, Markets and Companies. Springer Science & Business Media
Seite 47, P1 oben rechts: Yaroshevsky AA (2006) Abundances of chemical elements in the Earth's crust. Geochemistry International 44:48–55
Seite 47, P1 unten links: Slansky M (1986) Geology of Sedimentary Phosphates. Elsevier Science Ltd, New York
Seite 48, Karte: USGS (2016) Mineral Commodities Summaries 2016, U.S. Geological Survey (USGS), USA
Seite 48, P1 unten links: Notholt AJG, Sheldon RP, Davidson, DF (2005) Phosphate Deposits of the World: Volume 2, Phosphate Rock Resources. Cambridge University Press
Seite 48, P2: nach Slansky M (1986) Geology of Sedimentary Phosphates. Elsevier Science Ltd, New York
Seite 49, oben rechts: Cordell D, White S (2011) Peak Phosphorus: Clarifying the Key Issues of a Vigorous Debate about Long-Term Phosphorus Security. Sustainability 3:2027–2049
Seite 49, Karte: nach OCP (2010) OCP Annual Report 2010. Office Chérfien des Phosphates. http://www.ocpgroup.ma/sites/default/files/ra-2010-ang.pdf. Zugegriffen: 14. Januar 2016
Seite 50, unten: PotashCorp (2014) How Phosphate Fertilizers and Other Products Are Produced. http://www.potashcorp.com/overview/nutrients/phosphate/overview/simplified-flow-diagram. Zugegriffen: 14. Januar 2016
Seite 51, Mitte: BGR (2013) Phosphat - Mineralischer Rohstoff und unverzichtbarer Nährstoff für die Ernährungssicherheit weltweit. Bundesanstalt für Geowissenschaften (BGR)
Seite 59, Karte: USGS (2016) Mineral Commodities Summaries 2016, U.S. Geological Survey (USGS), USA

China

Seite 63, oben rechts: Hoering U (2010) Landwirtschaft in China: Zwischen Selbstversorgung und Weltmarktintegration. Asienstiftung
Seite 63, Mitte: Khush GS (2001) Green revolution: the way forward. Nature Reviews Genetics 2:815–822
Seite 63, unten: FAOSTAT (2015) Food and Agriculture organization of the United Nations Statistics Division. http://faostat3.fao.org/home/E. Zugegriffen: 16. Januar 2016
Seite 64, oben: FAO, IFAD, WFP (2015) The State of Food Insecurity in the World 2015. Meeting the 2015 international hunger targets: taking stock of uneven progress. Rome, Food and Agriculture organization of the United Nations
Seite 64, unten: FAOSTAT (2015) Food and Agriculture organization of the United Nations Statistics Division. http://faostat3.fao.org/home/E. Zugegriffen: 16. Januar 2016
Seite 69, P5: Peng X (1987) Demographic Consequences of the Great Leap Forward in China`s Provinces. Population and Development Review 13:639–670
Seite 71, Diagramm: National Bureau of Statistics of China (2015). BRICS Joint Statistical Publication 2015 - Agriculture. National Bureau of Statistics of China
Seite 72, Diagramm: IFA (2015) International Fertilizer Industry Association - Statistics Database. http://www.fertilizer.org/Statistics. Zugegriffen: 26. Januar 2016
Seite 72, Karte: MacDonald GK, Bennett EM, Potter PA, Ramankutty, N (2011) Agronomic phosphorus imbalances across the world`s croplands. Proceedings of the National Academy of Sciences 108: 3086–3091

Seite 73, Grafik: nach WWF (2013a) Das Nährstoffverhältnis im Boden. Infografik. http://www.wwf.de/themen-projekte/landwirtschaft/internationale-agrarpolitik/infografik-das-naehrstoffverhaeltnis-im-boden/. Zugegriffen: 26. Januar 2016
nach WWF (2013b) Stickstoff und Bodenversauerung. Infografik. http://www.wwf.de/themen-projekte/landwirtschaft/internationale-agrarpolitik/infografik-stickstoff-und-bodenversauerung/. Zugegriffen: 26. Januar 2016
Seite 73, unten: Guo JH, Liu XJ, Zhang Y, Shen JL, Han WX, Zhang WF, Christie P, Goulding KWT, Vitousek PM, Zhang FS (2010) Significant Acidification in Major Chinese Croplands. Science 327:1008–1010
Seite 74, P2-P3: nach Hutton D (2008) Dead Zones killing marine life, scientists warn. The Globe and Mail, Aug. 15, 2008. http://www.theglobeandmail.com/technology/science/dead-zones-killing-marine-life-scientists-warn/article17970010Z. Zugegriffen: 26. Januar 2016
basierend auf Diaz RJ, Rosenberg R (2008) Spreading Dead Zones and Consequences for Marine Ecosystems. Science 321:926–929
Seite 75, unten: GRAIN (2012) GRAIN releases data set with over 400 global land grabs. https://www.grain.org/article/entries/4479-grain-releases-data-set-with-over-400-global-land-grabs. Zugegriffen: 26. Januar 2016
Seite 77, Diagramm: Willer H, Lernoud J, Kilcher L (2013) The World of Organic Agriculture. Statistics and Emerging Trends 2013. FiBL-IFOAM Report. Research Institute of Organic Agriculture (FIBL), Frick, and International Federation of Organic Agriculture Movements (IFOAM), Bonn

Japan

Seite 82, P1: Plastic Waste Management Institute (2013) Plastic Products, Plastic Waste and Resource Recovery 2013. Japan
Seite 83, P2: USGS (2016) Mineral Commodities Summaries 2016, U.S. Geological Survey (USGS), USA
Seite 83, P3: National History Museum London (2016) Phosphate Recovery. http://www.nhm.ac.uk/research-curation/research/projects/phosphate-recovery/ceep11.htm. Zugegriffen: 03. Februar 2016
Yarime M, Carliell-Marquet C, Hellums DT, Kalmykova Y, Lang DJ, Le QB, Malley D, Morf LS, Matsubae K, Matsuo M (2014) Dissipation and Recycling: What Losses, What Dissipation Impacts, and What Recycling Options? In Sustainable Phosphorus Management, Scholz RW, Roy AH, Brand FS, Hellums DT, Ulrich AE eds. (Dordrecht: Springer Netherlands), 247–274
Seite 84, Mitte rechts: Imhasly, P (2010) Die Zukunft liegt im Urin. Neue Züricher Zeitung. http://www.nzz.ch/die-zukunft-liegt-im-urin-1.8293066. Zugegriffen: 03. Februar 2016
Seite 84, Grafik: Miraikan - National Museum of Emerging Science and Innovation (2014) Informationsmaterial Spezialausstellung "Toilet!? - Human Waste & Earth's Future.", Tokyo
Seite 84, unten rechts: Yarime M, Carliell-Marquet C, Hellums DT, Kalmykova Y, Lang DJ, Le QB, Malley D, Morf LS, Matsubae K, Matsuo M (2014) Dissipation and Recycling: What Losses, What Dissipation Impacts, and What Recycling Options? In Sustainable Phosphorus Management, Scholz RW, Roy AH, Brand FS, Hellums DT, Ulrich AE eds. (Dordrecht: Springer Netherlands), 247–274
Seite 86, P2: Plastics Europe - Association of Plastic Manufacturers (2015) Plastics - the Facts 2014/2015. Wemmel, Belgien
Budianto F, Lippelt J (2010) Kurz zum Klima: Plastiktüten - nicht länger tragbar. Ifo Schnelldienst 63: 41–43
Jäger K (2014) Will Berlin be the next city to ban plastic bags? In: dw.com. http://www.dw.com/en/will-berlin-be-the-next-city-to-ban-plastic-bags/a-17933409. Zugegriffen: 9 März 2016
Seite 87, P1: European Commission (2015) Our Oceans, Seas and Coasts - Marine litter. http://ec.europa.eu/environment/marine/good-environmental-status/descriptor-10/index_en.htm. Zugegriffen: 03. Februar 2016
Law KL, Morét-Ferguson SE, Goodwin DS, Zettler ER, Deforce E, Kukulka, T, Proskurowski G (2014) Distribution of surface plastic debris in the eastern Pacific Ocean from an 11-year data set. Environmental Science Technology 48:4732–4738
Seite 88, P2: Woodall LC, Sanchez-Vidal A, Canals M, Paterson GLJ, Coppock R, Sleight V, Calafat A, Rogers AD, Narayanaswamy BE, Thompson, RC (2014) The deep sea is a major sink for microplastic debris. Royal Society Open Science 1, 140317

Seite 89, P1: International Scientific Committee for Tuna and Tuna-like Species in the North Pacific Ocean (2014) Stock Assessment of Bluefin Tuna in the Pacific Ocean in 2014. Report of the Pacific Bluefin Tuna Working Group
Seite 89, P3: The Guardian (2013) Bluefin tuna sells for £1m at auction - in pictures. http://www.theguardian.com/world/gallery/2013/jan/05/bluefin-tuna-auction-tokyo-japan. Zugegriffen: 03. Februar 2016
Seite 90, P1 links: Food and Agriculture Organization of the United Nations (2014) Fishery and Aquaculture Statistics 2012 - Yearbook. Food & Agriculture Organisation, Rome, Italy
Seite 90, P2: Fischer S (2009) Nicht nur Krabben im Netz - Der Beifang in der Baumkurrenfischerei auf die Nordseegarnele (Crangon crangon). Frankfurt am Main, Deutschland
Seite 90, P3: Naylor RL, Hardy RW, Bureau DP, Chiu A, Elliott M, Farrell AP, Forster I, Gatlin DM, Goldburg RJ, Hua K (2009) Feeding aquaculture in an era of finite resources. Proceeding of the National Academy of Sciences 106:15103–15110
Seite 94, P2: Food and Agriculture Organization of the United Nations, Fisheries and Aquaculture Department (2014) The State of world fisheries and aquaculture: opportunities and challenges. Food and Agriculture Organization of the United Nations, Rome, Italy

Indien

Seite 99, oben links: ricepedia.org (a) (2016) The global staple. http://ricepedia.org/rice-as-food/the-global-staple-rice-consumers. Zugegriffen: 10. Februar 2016
Seite 99, unten rechts: ricepedia.org (b) (2016) Rice and food security in Asia. http://ricepedia.org/rice-around-the-world/asia. Zugegriffen: 10. Februar 2016
Seite 100, Grafik oben rechts: ricepedia.org (c) (2016) History of rice cultivation. http://ricepedia.org/culture/history-of-rice-cultivation. Zugegriffen: 9. Februar 2016
Seite 100, Grafik unten links: Fuller DQ, Etten J van, Manning K, et al (2011) The contribution of rice agriculture and livestock pastoralism to prehistoric methane levels: An archaeological assessment. The Holocene 21:743–759
Seite 102: Yadav RK, Abraham G, Singh YV, Singh PK (2014) Advancements in the Utilization of Azolla-anabaena System in Relation to Sustainable Agricultural Practices. Proc Indian Natl Sci Acad 80:301–316
azollabiosystems.co.uk (2016) About Azolla. In: Azolla Biosyst. Ltd. http://azollabiosystems.co.uk/. Zugegriffen: 9. Februar 2016
Seite 101, oben: Saha P (2004) Land Tenure System in India: a Historical Perspective. http://www.incaindia.org/2004.htm. Zugegriffen: 23. Februar 2016
Seite 101, Mitte: Halwart M, Food and Agriculture Organization of the Unite Nations (2016) Aquatic biodiversity in rice fields. http://www.fao.org/rice2004/en/f-sheet/factsheet7.pdf. Zugegriffen: 23. Februar 2016
Seite 105-107: Unger CR (2014) India's Green Revolution: Towards a New Historical Perspective. Südasien-Seminar der Humboldt-Universität zu Berlin, Südasien-Chronik - South Asia Chronicle 4:254–270
(befürwortend) Krishna D (1971) The New Agricultural Strategy : The Vehicle Of Green Revolution In India. New Heights, Delhi, Indien
(kritisch) Shiva V (1991) The Violence of The Green Revolution: Third World Agriculture, Ecology, and Politics. Zed Books; Third World Network, London; Atlantic Highlands, N.J., USA : Penang, Malaysia
Seite 109, Grafik: National Geographic (2014) The Next Green Revolution. In: Natl. Geogr. http://www.nationalgeographic.com/foodfeatures/green-revolution/. Zugegriffen 09 Februar 2016
Seite 110, oben: Goff SA, Ricke D, Lan T-H, et al (2002) A Draft Sequence of the Rice Genome (Oryza sativa L. ssp. japonica). Science 296:92–100
Clamp M, Fry B, Kamal M, et al (2007) Distinguishing protein-coding and noncoding genes in the human genome. Proceedings of the National Academy of Sciences 104:19428–19433
Seite 111, oben rechts: Gamuyao R, Chin JH, Pariasca-Tanaka J, et al (2012) The protein kinase Pstol1 from traditional rice confers tolerance of phosphorus deficiency. Nature 488:535–539
Seite 111, Mitte: (befürwortend) goldenrice.org (2016) The Golden Rice Project. http://www.goldenrice.org/. Zugegriffen: 10. Februar 2016

(kritisch) Ishii-Eiteman M (2013) "Golden Rice" not so golden - article and literature overview. http://www.gmwatch.org/news/archive/2013/15045-golden-rice-not-so-golden. Zugegriffen: 11. Feburar 2016
Seite 111, unten links: ck12.org (2016) Biotechnology Applications - Applications in Agriculture. http://www.ck12.org/book/CK-12-Biology-Concepts/section/3.14/. Zugegriffen: 10. Februar 2016
Seite 113, oben: SRI International Network and Resources Center (2016) The System of Rice Intensification. http://sri.cals.cornell.edu/. Zugegriffen: 10. Februar 2016
Seite 113, Mitte: Sinha SK, Talati J (2007) Productivity impacts of the system of rice intensification (SRI): A case study in West Bengal, India. Agricultural Water Management 87:55–60

Kiribati und Fidschi

Seite 121, P6: Ellis AF (1936) Ocean Island and Nauru: Their Story. Angus & Robertson, Sydney
Seite 122, P1: Teaiwa KM (2015) Consuming Ocean Island – Stories of People and Phosphate from Banaba. Indiana University Press, Indiana, USA
Seite 125: Jacobsen G, Hill PJ, Ghassemi F (1997) Geology and hydrogeology of Nauru Island. In: Vacher HL, Quinn T (eds) Geology and hydrogeology of carbonate islands. Developments in Sedimentology 54:707–742
Kroenke LW,Wessel P, Sterling A (2004) Motion of the Ontong Java Plateau in the hot-spot frame of reference: 122 Ma-present. In: Fitton JG, Mahoney JJ, Wallace PJ, Saunders AD (eds) Origin and evolution of the Ontong Java Plateau. Geological Society Special Publication 229:9–20
Seite 129: McDaniel CN, Gowdy, JM (2000) Paradise for Sale A Parable of Nature. University of California Press, USA
Folliet L (2011) Nauru, Die verwüstete Insel – Wie der Kapitalismus das reichste Land der Erde zerstörte. Verlag Klaus Wagenbach, Deutschland
Seite 129, Karte: Ng M, Fleming T, Robinson M, Thomson B, Graetz N, Margano C, Mullany EC, Biryukov S et al. (2014) Global, regional, and national prevalence of overweight and obesity in children and adults during 1980-2013: a systematic analysis for the Global Burden of Disease Study 2013. Lancet 384:766–81

Brasilien

Seite 137, oben: chemie.de (2016) Zellatmung. http://www.chemie.de/lexikon/Zellatmung.html. Zugegriffen: 3. Februar 2016
Seite 137, unten: Campbell NA, Reece JB, Markl J (2003) Biologie, 6. Aufl [2. dt. Ausg.]. Spektrum Akademischer Verlag, Heidelberg
Seite 138, oben: Bray GA (2007) How bad is fructose? The American Journal of Clinical Nutrition 86:895–896
Seite 138, Grafik mittig: Ouyang X, Cirillo P, Sautin Y, et al (2008) Fructose consumption as a risk factor for non-alcoholic fatty liver disease. Journal of Hepatology 48:993–999
Seite 139, Diagramm: Fryar CD, Carroll MD, Ogden CL (2012) Prevalence of Overweight, Obesity, and Extreme Obesity Among Adults: United States, Trends 1960-1962 through 2009-2010. Centers for Disease Control and Prevention, U.S Department of Health & Human Services, Atlanta, USA
Seite 139, unten links: Elliott SS, Keim NL, Stern JS, et al (2002) Fructose, weight gain, and the insulin resistance syndrome. The American Journal of Clinical Nutrition 76:911–922
Klok MD, Jakobsdottir S, Drent ML (2007) The role of leptin and ghrelin in the regulation of food intake and body weight in humans: a review. Obesity Reviews 8:21–34
Seite 140, unten: Kaessmann H, Pääbo S (2002) The genetical history of humans and the great apes. Journal of Internal Medicine 251:1–18
Seite 142, P4: teach.com (2012) Targeting Children With Treats. http://teach.com/education-policy/childhood-obesity-facts. Zugegriffen: 4. Februar 2016
Seite 143, P4: Krishna KR (2013) Agroecosystems: Soils, Climate, Crops, Nutrient Dynamics and Productivity. CRC Press, Apple Academic Press, Toronto, Kanada
Seite 144-145: Krishna KR (2013) Agroecosystems: Soils, Climate, Crops, Nutrient Dynamics and Productivity. CRC Press, Apple Academic Press, Toronto, Kanada

UNESCO (2016) Transatlantic Slave Trade. http://www.unesco.org/new/en/culture/themes/dialogue/the-slave-route/transatlantic-slave-trade/. Zugegriffen: 4. Februar 2016
Seite 142, Diagramm oben: Johnson RJ, Segal MS, Sautin Y, Nakagawa T, Feig D, Kang DH, Gersch MS, Benner S, Sánchez-Lozada LG (2007) Potential role of sugar (fructose) in the epidemic of hypertension obesity and the metabolic syndrome, diabetes, kidney disease, and cardiovascular disease. The American Journal of Clincical Nutrition 86:899–906
LfL & LEL, 2015 Agrarmärkte Jahresheft (2015) Schriftenreihe der Bayrischen Landesanstalt für Landwirtschaft (LfL), Landesanstalt für Entwicklung der Landwirtschaft und der Ländlichen Räume (LEL)
Seite 146, Diagramm unten: Nitsch M, Giersdorf J (2005) Biotreibstoffe in Brasilien. Diskussionsbeiträge des Fachbereichs Wirtschaftswissenschaft der Freien Universität Berlin 12/2005, Volkswirtschaftliche Reihe, Berlin
Seite 147, oben links: OECD, FAO (2007) Agricultural Outlook 2007-2016. Organisation for Economic Co-operation and Development Food (OECD) and Agriculture Organization of the United Nations (FAO)
Seite 147, Diagramm P4: FAOSTAT (2015) Production of commodity in selected country – Area Brazil. Food and Agriculture Organization of the United Nations Statistics Division, URL: http://faostat3.fao.org/browse/Q/QC/E, Zugegriffen: 02. Februar 2016
Seite 148, Mitte: Steinhilber J (2013) Zucker, Wasser, Öl – Brasilien hat alle Zutaten für ein erfolgreiches Energiekonzept. IP Länderporträt Brasilien, Deutsche Gesellschaft für Auswärtige Politik e.V., URL: https://zeitschrift-ip.dgap.org/de/article/24023/print, Zugegriffen: 02. Februar 2016

USA

Seite 154, P3: Food and Agriculture Organization of the United Nations (a) (2016) Principles of Meat Processing Technology. http://www.fao.org/docrep/010/ai407e/ai407e04.htm. Zugegriffen: 11. Februar 2016
Food and Agriculture Organization of the United Nations (b) (2016) Non-Meat Ingredients. http://www.fao.org/docrep/010/ai407e/AI407E06.htm. Zugegriffen: 11. Februar 2016
Silverson (R) (2016) Preparation of Brines for the Meat Industry. http://www.silverson.com/images/uploads/documents/FBrines.pdf. Zugegriffen: 11.Februar 2016
Seite 155: zusatzstoffe-online.de (2016) Zusatzstoffe - Datenbank. http://www.zusatzstoffe-online.de/zusatzstoffe/. Zugegriffen: 11. Februar 2016
International Food Additive Council (2015) Phosphates in Food. http://www.foodadditives.org/phosphates/phosphates_used_in_food.html. Zugegriffen: 11.Februar 2016
ernaehrung.de (2016) Lebensmittel - Inhaltsstoffe - Nährwerte. http://www.ernaehrung.de/lebensmittel/. Zugegriffen: 11. Februar 2016
Verbraucherzentrale Bremen (2012) Phosphate in Lebensmitteln. https://www.verbraucherzentrale-bremen.de/Phosphate. Zugegriffen: 11. Februar 2016
Seite 157, P1: Muff C (2009) Soziale Ungleichheiten im Ernährungsverhalten: theoretische Hintergründe und empirische Befunde. LIT Verlag, Münster
Seite 158: Eberle U (2012) Was nach dem ersten Bissen passiert. GEO kompakt 03/12
Seite 164, Grafik oben: United States Department of Agriculture - Economic Research Service (2015) Food Access Research Atlas - Stadtgebiet Los Angeles, Parameter "Low Income", "Low Access at 1 and 10 miles", Maßstab 10 Meilen. http://www.ers.usda.gov/data-products/food-access-research-atlas/go-to-the-atlas.aspx. Zugegriffen: 13 Oktober 2015
Seite 164, Diagramm unten: Wang DD, Leung CW, Li Y, et al (2014) Trends in dietary quality among adults in the United States, 1999 through 2010. JAMA Internal Medicine 174:1587–1595
Seite 165, P3: Obama M (2010) Let's Move! http://www.letsmove.gov/healthy-communities. Zugegriffen: 11. Februar 2016
Seite 167, oben links: Deutsche Gesellschaft für Ernährung e.V. (2016) Phosphor - Empfohlene Zufuhr. https://www.dge.de/wissenschaft/referenzwerte/phosphor/. Zugegriffen: 11. Februar 2016
Seite 167, Mitte rechts, unten links: Campbell NA, Reece JB, Markl J (2003) Biologie, 6. Aufl [2. dt. Ausg.]. Spektrum Akademischer Verlag, Heidelberg
Seite 167, Mitte links: Müller-Esterl W (2004) Biochemie, 1st edn. Spektrum Akademischer Verlag, München

Seite 167, unten rechts: Noori N, Sims JJ, Kopple JD, et al (2010) Organic and inorganic dietary phosphorus and its management in chronic kidney disease. Iranian Journal of Kidney Diseases 4:89–100

Norwegen

Seite 172: den Daas, JL (1993) Producing pineapple in the atlantic zone of costa rica: agronomic and marketing aspects. Atlantic Zone Programme Report 51, Costa Rica

Seite 173, oben: Moomaw W, Griffin T, Kurczak K, Lomax J (2012) The Critical Role of Global Food Consumption Patterns in Achieving Sustainable Food Systems and Food for All, A UNEP Discussion Paper. United Nations Environment Programme, Division of Technology, Industry and Economics, Paris, France

Seite 175, oben rechts: USGS (2016) Mineral Commodities Summaries 2016, U.S. Geological Survey (USGS), USA

Seite 175, Mitte: Schneyer J (2008) Metals: Big Business in the Amazon. Bloomberg Business. http://www.bloomberg.com/bw/stories/2008-03-18/metals-big-business-in-the-amazonbusiness-week-business-news-stock-market-and-financial-advice. Zugegriffen: 04. Februar 2016

Seite 176, oben: Government.no (2014) Free trade agreement with Costa Rica and Panama. Press release 64/2014. Ministry of Trade, Industry and Fisheries Norway. https://www.regjeringen.no/en/aktuelt/Free-trade-agreement-with-Costa-Rica-and-Panama/id764127/. Zugegriffen: 04. Februar 2014

Seite 178, oben: Gustavsson CC, Sonesson U, van Otterdijk R, Meybeck A (2011) Global food losses and food waste – Extent, causes and prevention. Food and Agriculture Organization of the United Nations (FAO), Rome

Seite 178, Diagramm: Formo RK, Jørstad H, Nellemann C, Mafuta C, Munang R, Andrews J, Hval JN (2014) Food Wasted, Food Lost – Food Security by Restoring Ecosystems and Reducing Food Loss. United Nations Environment Programme and GRIDArendal, Norway

Deutschland

Seite 190, P4: Steinfeld H, Gerber P, Wassenaar T, Castel V, Rosales M, de Haan C (2006) Livestock's long shadow: Environmental issues and options. Food and Agriculture Organization of the United Nations, Rome, Italy

Seite 191, Mitte: Vegu (2009) Zum morgigen Welt-Vegetariertag - Vegetarierbund berechnet: 1094 Tiere verspeist jeder Deutsche. Pressemitteilung Vegetarierbund, Berlin/Hannover, 30. September 2009. https://vebu.de/presse/pressemitteilungen/422-zum-morgigen-welt-vegetariertag-vegetarierbund-berechnet-1094-tiere-verspeist-jeder-deutsche. Zugegriffen: 03. Februar 2016

Seite 192, P5: Noleppa S, Cartsburg M (2015) Nahrungsmittelverbrauch und Fußabdrücke des Konsums in Deutschland – Eine Neubewertung unserer Ressourcennutzung. WWF Deutschland, Berlin

Seite 193, Mitte: FAOSTAT (2015) Trade/Crops and livestock products. Food and Agriculture Organization of the United Nations Statistics Division. http://faostat3.fao.org/browse/T/TP/E. Zugegriffen: 27. Januar 2016

Seite 194: Myhre G, Shindell D, BréonFM, Collins W, Fuglestvedt J, Huang J, Koch D, Lamarque JF, Lee D, Mendoza B, Nakajima T, Robock A, Stephens G, Takemura T, Zhang H (2013) Anthropogenic and Natural Radiative Forcing. In: Climate Change 2013: The Physical Science Basis. Contribution of Working Group I to the Fifth Assessment Report of the Intergovernmental Panel on Climate Change [Stocker TF, Qin D, Plattner GK, Tignor M, Allen SK, Boschung J, Nauels A, Xia Y, Bex V, Midgley PM (eds.)]. Cambridge University Press, Cambridge, United Kingdom and New York, NY, USA, 659–740

Seite 195, P3: Fraunhofer IGB (2013) Agricultural phosphorus recovery. Pressemitteilung 30. September 2013, Fraunhofer Institute for Interfacial Engineering and Biotechnology IGB

Seite 197, unten: DBV (2015) Situationsbericht 2015/16 – Trends und Fakten zur Landwirtschaft. Deutscher Bauernverband e.V.

Seite 199: Oonincx DGAB, de Boer IJM (2012) Environmental Impact of the Production of Mealworms as a Protein Source for Humas – A Life Cycle Assessment. PLoS ONE 7

Mekonnen MM, Hoekstra AY (2010) The Green, Blue and Grey Water Footprint of Farm Animals and Animal Products. Value of Water Research Report Serie No. 48, UNESCO-IHE, Delft, the Netherlands

van Huis A (2013) Potential of insects as food and feed in assuring food security. Annual Review of Entomology 58:563–583
Seite 202, oben links: Jongema Y (2015) List of edible insects of the world. Department of Entomology of Wageningen University. http://www.wageningenur.nl/en/Expertise-Services/Chair-groups/Plant-Sciences/Laboratory-of-Entomology/Edible-insects/Worldwide-species-list.htm. Zugegriffen: 02. Februar 2016

Epilog

Seite 204-205: Die Szenarien basieren auf Leinfelder R (2016) Das Haus der Zukunft (Berlin) als Ort der Partizipation. In: Popp R, Fischer N, Heiskanen-Schüttler M, Holz J, Uhl A (Hrsg) Einblicke, Ausblicke, Weitblicke. Aktuelle Perspektiven der Zukunftsforschung, Berlin, Wien, 74–93

Printing: Ten Brink, Meppel, The Netherlands
Binding: Ten Brink, Meppel, The Netherlands